世の中の真実がわかる「確率」入門

偶然を味方につける数学的思考力

小林道正　著

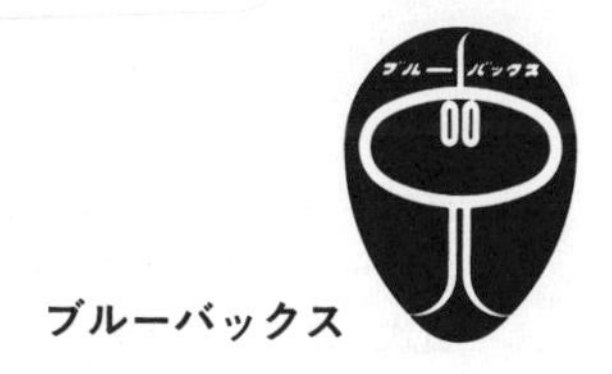

装幀／芦澤泰偉・児崎雅淑
カバーイラスト／勝部浩明
目次・章扉・本文デザイン／清野真史（next door design）
本文図版／美研プリンティング・さくら工芸社

はじめに

毎日の生活の中で、「確率」という言葉は頻繁に使われていますし、自然に耳に入ってきます。

この世の中は偶然性から成り立っていますし、私たちの毎日の生活は、確率的に動いていくと言わざるを得ません。

それは、私たちの住んでいるこの世の中の真実の１つです。

日常生活において、確率を知っていると知らないとでは、大きな違いがあります。世の中のウソや間違いに惑わされることなく、確率を活かして、根拠に基づいた判断ができるかどうか？　人生の幸せは、これにかかっているのです。

本書では、世の中の確率的なカラクリを解き明かす話題を、たくさん集めてみました。

確率は生きていく上で不可欠です。しかし、「確率」の本当の意味を理解している人は極めて少ないのが現状です。そのために誤解して、「今後○年以内に大地震が起きる確率」が80％などと聞くと、恐れおののいたりする人が多いし、逆に、原子力発電所での事故が起きる確率が低いと聞いて、楽観視していて大きな被害に遭う人も多いのです。

本書は、確率の意味を正しく理解して、日々の生活の中で「確率」を活かし、確率を積極的に活用して、賢く判断するコツを身につける本です。

このような「世の中の真実がわかる」力は、人生を楽しく、幸せに過ごすための指針を与えてくれるでしょう。

実は、「確率」にはいろいろな意味があり、確率の値の定め方にも多様な方法があるというのが真実なのです。

客観的な意味としては、
「これから起こることの事柄の可能性を数値で示したもの」
ということになるのですが、その他にいろいろな意味で表現されています。それらは派生した意味であって、本来は、
「客観的に起きている、偶然現象における事象の起きる規則性を数値で表した概念」
より具体的には、
「多数回の試行の間に、その事象が起きる相対頻度の安定していく値」
なのです。これらの関係については、本編の中で詳しく説明していきます。

私は確率論を専門とし、特に確率の意味、客観的根拠、歴史、そして中学・高校・大学での確率や統計の指導方法を中心に研究しています。これまでの研究成果を活かして、皆さんに確率に親しんでもらえるよう工夫したつもりです。

確率に興味を持たれ、世の中の真実を見抜き、人生を豊かに、幸せに過ごせる方が増えることを期待しています。

2016年4月

小林 道正

もくじ

第1章

確率と共に生きる

1.1 人類の歴史と確率

1.1.1 人類の誕生からサイコロ遊びまで

生命の誕生は、必然でしょうか、偶然でしょうか。人類が進化してきたのも、「突然変異」という偶然のなせる業かもしれませんが、必然であったのかもしれません。

少し、人類の歴史を振り返ってみるのも、自分の人生を考えるのに役に立つかもしれません。

あなたが現在生きているのも、偶然と必然のからみがあなたを生んだおかげですから。

私たちヒトは、DNA解析によると約8500万年前に初めて地球に誕生したと推定される、「霊長類」に属しています。霊長類の中でも、テナガザル科とヒト科という分類に含まれる生き物は、特に「類人猿」と呼ばれていて、テナガザルとヒトが分岐したのは、約2000万年前と考えられています。

このヒト科には、ヒトの他には、チンパンジー、ゴリラ、オランウータンがいます。よく誤解されますが、これらはサルではありません。

約800万年〜700万年前にはさらに、チンパンジーの系統とヒトの系統が分岐したようです。これらのうち、ヒトの系統に含まれる生き物を「人類」と呼んでいます。

初期の人類の1種の「アファール猿人」(約320万年前の地層から発見)をはじめ、中東アフリカでいくつも発見されている化石によれば、自由に直立二足歩行のできるものが人類の中に現れたようです。直立二足歩行によってこそ、その後の人類は脳を大きくできたのだ、とする仮説もあります。

ヒト属(ホモ属)という生き物のグループが発生したのは

約300万年〜200万年前だそうですが、化石として発掘されるヒト属の中では、特にホモ・エレクトスが有名です。

ホモ・エレクトスは、インドネシアのジャワ島で地域集団を作った「ジャワ原人」（約170万年前の地層から発見）として、1891年に初めて発掘されました。ジャワ原人の身長は160〜180 cmぐらいあり、脳の容積はアファール猿人の2倍以上あったようです。ホモ・エレクトスの地域集団には、他に「北京原人」（約75万年前の地層から発見）がいます。

また、アフリカに住んでいたヒト属の中には、約40万年前に、私たちヒトと「ネアンデルタール人」との共通祖先となる種がありました。

このうち、ヨーロッパに進出した系統はネアンデルタール人の祖先になった一方、アフリカに留まった系統の中に、約20万年前、私たちと同じ現生のヒトという種（現生人類、ホモ・サピエンス）に進化するものがいた、とのことです。

ネアンデルタール人は、現生のヒトと共存していた時期もあったようですが、やがて絶滅してしまいました。

現生のヒトのうち、化石で発見されるもので有名なのは、「クロマニョン人」です。クロマニョン人は、スペインのアルタミラ、フランスのラスコーに洞窟絵画を残しています。

最近、約330万年前の人類が石を割って道具として使った、世界最古の石器とされるものが出土しています。現生のヒトは、さらに石を使用目的に合った形に磨いて作った磨製石器を使うことで、新石器時代を築きます。新石器時代は、打製石器しか使われなかった旧石器時代とは区別されます。紀元前数千年のことでした。

この頃から、サイコロの原型である「アストラガルス」が使われ始めたようです。アストラガルスは、ヒツジやヤギなどの動物のくるぶしの骨から作られていて、この頃の遺跡から出土することがあります。

アストラガルスは占いや遊びに使われていました。農耕が始まると天気予報が大事になってくるので、これからの天気を占ったり、雨乞いをしたりするのにも使われたようです。野山を駆け巡る動物たちには人間以上の能力があると考えられ、くるぶしの骨にも神秘的な力があると考えられたからでしょう。

自然物のアストラガルスとは独立に、立方体のサイコロが使われるようになってきます。それは紀元前4000年～紀元前3000年ぐらいからと言われていて、紀元前5000年ぐらいからという説もあります。

古代ギリシャやローマでも頻繁に使われたようです。ローマでは、立方体だけでなく、3辺の長さが同じではない直方体のサイコロも、さらには棒状のサイコロも使われていました。

ローマ時代のサイコロはたくさん残っているので、骨でできたローマ時代のサイコロ（立方体や直方体）を1個2万円ぐらいでネットで購入することもできます。

「古代ローマのサイコロが自分の家にあるなど楽しい」と思える人には最高でしょう。2万円で買う余裕のある人ならば。

アストラガルスが現代まで引き継がれているのが、図1.1のモンゴルのシャガイ（シャガー）で、現在でもモンゴルでは占いや遊びに普通に使われています。

1匹のヒツジから2個のシャガイが取れ、ヒツジを大切にするのと同じように、モンゴルではシャガイも大切に扱われています。シャガイはモンゴルへ行けばお土産品としても普通に売っていますし、日本でもネットで探せば購入できると

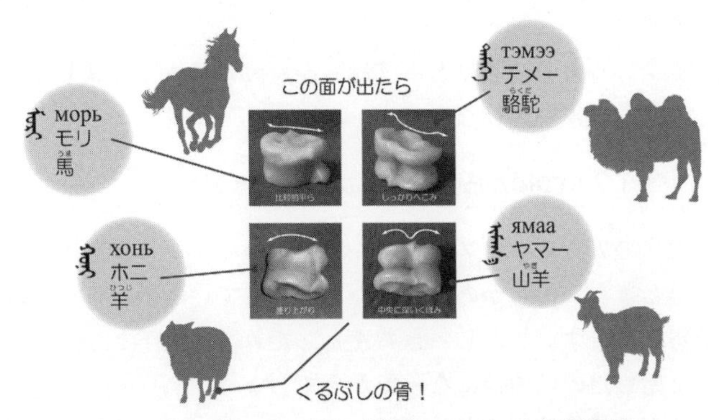

図 1.1: モンゴルのシャガイ（横浜ユーラシア文化館提供）

ころが見つかります。こちらはかなり安いですが。

シャガイには4つの面があり、モンゴルでは、それぞれ、ウマ・ラクダ・ヒツジ・ヤギに見立てています。

- ウマ　は、背が高く、平らな面
- ラクダは、背が高く、へこんでいる面
- ヒツジは、背が低く、出っ張り、丸まっている面
- ヤギ　は、背が低く、へこんでいる面

これらの面が出る確率については、第2章の確率の導入のところで紹介します。

モンゴルの子供たちはシャガイを使っていろいろな遊びをしています。50種以上の遊び方があるといわれています。

例えば、双六の原理で遊ぶ競馬があります。4つのシャガイを投げてウマの面が出た数だけ駒を進められ、4つとも異なる面が出たら駒を4つ進めるというルールです。

もう1つはおはじきの原理で遊ぶゲームで、同じ面のシャガイにぶつけて、ぶつかったら自分の物として取っていく遊

びです。

モンゴルの人たちにとっては、シャガイは人生を楽しくしてくれる大事な遊びなのです。

＞1.1.2 いつ頃から確率計算は始まったのか

古代の人たちがアストラガルスを占いやゲームに活用していたときも、何らかの計算的な思考をしていたのだろうとは予想されます。しかし、きちんとした算数・数学としての計算を始めたのは中世になってからでしょう。

確率計算の始まりとしては、パスカルとフェルマーの往復書簡が有名ですが、実はそれ以前にも確率計算は行われていたのです。

少し、パスカルとフェルマー以前の確率計算を見ておきましょう。知的興味も「世の中の真実」を知るのに役立つでしょうから。

偶然性やランダムネスについて、古代ギリシャの哲学者たちがいろいろな形で関心を持っていたことは確かですが、「神が未来の出来事を決めている」という考えから抜け出すことは容易ではありませんでした。

ヘラクレイトス（前540年？～前480年？）やデモクリトス（前470年？～前370年？）も偶然と必然を考察しています。しかし、すべては神のなせる業だとしているのです。

その中で、アリストテレス（前384年～前322年）は偶然概念を詳しく論じています。数値としての確率計算には至っていませんが、確率概念の萌芽がそこに述べられています。

彼は『自然学』の第2巻において、とりわけ第4～6章で、偶然と必然、それらの相互関係を弁証法的に検討しているのです。例えば、次のような記述があります。

偶運（偶然の意味）によっての物事を生成させるところの諸原因が不定であるのは当然である。そしてそのことからして、(1) 偶運そのものが、或る不定なものであり、(2) 人間にとっては不明不可解である、という見解が生じ、さらに、(3) 或る意味では、偶運によってはなにものも生成しないという見解も出てくるのである。これらの見解はいずれも、その言うところ正当であり、それ相当の理由がある。

『自然学』（アリストテレス全集 3）岩波書店、64〜65 頁

古代ギリシャにおいてすでに「偶然と必然のからみ」が考察されていたというのは驚きかもしれません。

古代エジプトでは、賭け事が頻繁に行われていました。「猟犬とジャッカル（Hounds and Jackals）」という賭け事が知られていて、その遊戯はニューヨークのメトロポリタン美術館に展示されています。立方体のサイコロを投げて、出た目を利用して遊んでいたようです。

賭け事も極端になると、自分の生死を賭けて行うことまであったということです。

「世の中の真実がわかる」以前に、死んでしまったら意味がありません。

1.2 占いと確率の歴史

過去の事柄は事実として存在するだけで、予測する必要はありません。それに対して、「未来の出来事」は、不確実で、どのようなことが起きるか予測できないことが多いものです。

もちろん、よほどのことが起こらない限り、当たり前のことは確実に起こってきます。例えば、

・9歳の子供は、1年後には10歳になっている（生きていればではありますが）
・来年も日本では春夏秋冬の四季が訪れる（巨大隕石が地球に衝突でもしない限りですが）

といった、確実な予測・ほとんど確実な予測が十分できる事象もたくさんあります。

しかし、「世の中の真実」を知るためには、このような必然的なことだけ考えていれば十分なのでしょうか？　例えば、

(1)　来年のコメの収穫量は、豊作で、例年より多い？
(2)　今後20年間は、噂されている東海地震が起きない？
(3)　来年のプロ野球の日本一は巨人である？
(4)　2020年の東京オリンピックで、日本の獲得メダル数は過去最高になる？
(5)　次回の参議院選挙で、現在の与党（自民党・公明党）は過半数を維持する？

などのような、起きるかどうかがかなり不確実なこともたくさんあるのが、「世の中の真実」なのです。これに対処する方法がなくては、「偶然を味方につけた」ことにはなりません。

必ず起きてほしい、起きることを期待したい事象と、絶対に起きてほしくない事象があります。

われわれ人間は弱いので、これらが起きるように、あるいは起きないように、「神に祈る」ことをする人も多いのです。

あるいは、起きるか起きないかを知って、少しでも対策を講じたいと考えるのがいいのかもしれません。

ある事象が起きるか起きないかを予測してもらうのが「占い」です。予測が当たることが多い特別な能力を持った人、祈禱師に依頼することが古来行われてきました。

古代の人にとって大事なのは、生きていくための食料を確保することです。したがって、その年の天候や、川の氾濫を予測することが必要でした。占いをする人は、いろいろな道具を使うことも多かったのですが、有名なのが前に紹介した「アストラガルス」と呼ばれる、動物のくるぶしの部分の骨でした。古代の遺跡から多数発見されています。

1.3 ゲームで確率を活用

人間誰しも、ある程度の余裕と、「遊び」がなければ生きていけません。「遊び」は、「ゲーム」であることが多いのです。現代のゲームは、スマホやタブレットを使った場合が多く、育成ゲーム、スポーツゲーム、恋愛ゲーム、敵と戦うゲームなど、実にさまざまなゲームが作られています。テレビのコマーシャルでもたくさんのゲームが宣伝されています。

これらの新しいゲームに対して、伝統的な、「囲碁」や「将棋」、「麻雀」などの東洋のゲームも根強い人気がありますし、「チェス」や「トランプ」などの西洋のゲームも人気は衰えていません。

これらすべてのゲームに共通しているのは、本書の課題である「確率」と、その基礎にある「偶然と必然のからみ」を利用している点です。

偶然性というのは、次に何が起こるか予測ができないとい

図 1.2: 古代エジプトの壁画。ラムセス 2 世の妻ネフェルタリがボードゲームで遊ぶ場面を描いたもの（写真：アフロ）

う特徴があります。結果が確実に予測できないからこそ楽しいのです。結果が全て見通せたら何の興味もわかないでしょう。期待した結果になれば有頂天になって喜び、期待しない結果であれば落胆して悲しむ、これが遊びなのです。ハラハラ・ドキドキし、一喜一憂するのが楽しいのです。

遊びは楽しい。これもまた、「世の中の真実」です。

古来、ゲームといえば何といっても「サイコロ」を使ったゲームです。

アストラガルスから進化したのが立方体でできたサイコロでした。古代エジプトではすでに立方体のサイコロを使って遊んでいましたし、いろいろな遊びの場面が絵画に残されています（図 1.2）。もっとも、立方体でない、直方体のサイコロも古代ローマでも使われていました。

古代エジプトで使われていた、いろいろな時代の多様なサイコロや遊びの道具は、ニューヨークにあるアメリカ自然史博物館で見ることができます。インターネットで見るには、「American Museum of Natural History dice」で検索すれば、アメリカ自然史博物館の所蔵品を見ることができます。試してみてはいかがでしょうか。

1.4 ゲームから始まった確率計算の歴史

「偶然を味方につける数学的思考力」が試されるのは、ゲームでしょう。ゲームに勝つためには、確率の計算が不可欠です。古来、確率計算が行われてきました。少し歴史を紐解いてみましょう。

1.4.1 中世のゲームにみる確率計算

中世の詩『デ・ウェトゥラ』(De Vetula、ラテン語で「年輩の女性について」という意味)には、3個のサイコロを投げたとき、目の和がある数になるすべての場合を正確に列挙することが書かれています。

1250年頃までには、ヨーロッパでは、サイコロの目の出方とその頻度についてはかなり知れ渡っていたと思われます。この点については最近の論文で明らかにされていて、D. R. Bellhouse 教授の “De Vetula: a Medieval Manuscript Containing Probability Calculations”(*International Statistical Review* (2000), Vol. 68, No. 2, pp. 123–136)に詳しく分析されています。ここには、関連部分の原本の写真版と英語訳がのっているので便利です。

その後、ダンテの『神曲』(1307年頃)の注釈書には、サイコロを3個投げたときの目が出る確率についての記述があります。

15世紀から16世紀になると、確率の考察はさらに発展していきます。ルカ・パチョーリ（1445年～1517年）は、イタリアの数学者であると同時に「近代会計学の父」と呼ばれますが、彼の著書『スムマ（算術、幾何、比および比例に関する全集）』の中で、確率の問題を扱っているのです。

当時あるいはそれ以前から、賭け事の世界では次のことが問題になっていました。

「2人が賭け金を平等に出し合い、毎回ゲームをし、勝った方が何点かを取っていく。全部取り終えたら終わりである。2人のどちらも、毎回勝つ確率は同じ$\frac{1}{2}$であるとする。ここで問題というのは、外的な理由で途中でゲームを終えなければならなくなったとき、賭け金をどのように分配するのが合理的か？」

という問題です。

例えば、パチョーリの本の例でみると、

「仲間同士で球技をする。1ゴール決めれば10ポイントを得る。早く60ポイントを獲得した方が勝ちである。賭け金は10ダカット（金貨）である。最終勝者が決まる前にゲームを中止せざるを得なくなってしまった。その時点でAチームは50ポイントを獲得し、Bチームは20ポイントを獲得していた。賭け金の10ダカットをA、B両チームにどのように配分したらよいだろうか？」

という問題などです（この問題は、アメリカ・オハイオ州のザビエル大学のWebサイトにある http://www.cs.xu.edu/math/Sources/Pacioli/summa.pdf で読むことができます）。

パチョーリはこの問題を3つの方法で解説していますが、結局は、10ダカットを、中止したときのポイント数50と20

の割合で分配するというものです。つまり、$10\times\frac{50}{50+20}=\frac{50}{7}$ダカットと$10\times\frac{20}{50+20}=\frac{20}{7}$ダカットに分けるというものです。

その後、3次方程式の解法をめぐって激しく対立したことで知られる、カルダノとタルタリアも同様の問題を扱っています。

確率概念を数値として表現するようになった有名な話としては、パスカルとフェルマーの確率に関する往復書簡があります。しかし実際はそれより100年ほど前に、賭博師から相談を受けたカルダノやガリレオが、確率計算について書いているのです。

イタリアのカルダノ（1501年〜1576年）は3次方程式や4次方程式の解の公式を出版したことで知られていますが、サイコロ賭博の手引き書として、『サイコロ遊びについて』などの本を書いています。そこでは、「2つのサイコロを投げて、目の和がいくらになる確率がいくらか」という計算を行っているのです。

＞1.4.2 近代の確率論を拓いた賭け事

確率計算が理論化されたのは、17世紀にフランスの貴族であったシュヴァリエ・ド・メレ（シュヴァリエはフランス語で「騎士」）が、賭け事での疑問を数学者・哲学者であったブレーズ・パスカル（1623年〜1662年）に質問したことがきっかけだったとされています。パスカルがピエール・フェルマー（1601年〜1665年）に書簡を送り、2人の往復書簡が始まったのです。

往復書簡は、原文はフランス語ですが、英訳はイギリス・ヨーク大学のWebサイトにあるhttp://www.york.ac.uk/

depts/maths/histstat/pascal.pdfで自由に読むことができます。日本語訳は、中央公論社発行の『世界の名著24　パスカル』等で読むことができます。

その手紙には、次のような問題が書かれていました。

「AとBという2人の間で同じ金額ずつ出し合って、勝った方が総取り、という賭けをした。2人ともギャンブルの腕は同じで、勝負は運だけで決まるものとする。さて、先に3勝した方が勝ちという勝負をしていて、今、Aが2勝、Bが1勝している状態で、警察に踏み込まれたとする。このとき、賭け金はどのように配分するべきか？」

考え方としては、勝負がついていないのですから、同じ金額に分ける、というやり方がありますが、これには2勝しているAから文句が出るでしょう。

また、2勝と1勝ですから2：1に分けるというやり方もありますが、もしもその時点でどちらかが0勝であったら、勝負がついていないのにどちらかの総取りになってしまうことになり、これも文句が出るでしょう。

これをパスカルは樹形図を使って解きあかしたのです。この問題を解くには高校で習う「期待値」という概念が必要になりますが、原理としては単純です。

ここで、より具体的な例を考えてみましょう。

例えば、AとBとの間でコインの裏表に賭けるゲームをしていたとします。お互いに10万円を出し合って、先に3勝した方が勝ちであるとします。つまり、20万円を得られるとします。勝負が進み、Aが2勝、Bが1勝したところでゲームが中断されたとしましょう。

このとき、賭け金であった20万円はAとBにどのような割合で分配したらよいかという問題です。もし10万円ずつ

A、Bにお金を返せば、2勝しているAに不都合ですし、20万円をAが貰うということも、まだ勝ちの可能性の残されているBに不都合です。

そこで、パスカルはこの問題を解くのに確率と期待値の概念を考え、鮮やかに問題を解決したのです。

この場合、A、Bが1回ごとの勝負で勝つ確率はそれぞれ$\frac{1}{2}$ずつになるとします。勝負が続行されたとして、次の勝負でAが勝てば3勝1敗でAの勝ちとなります。

○○×　○　　この確率は　$\frac{1}{2}=\frac{2}{4}$

また、次の勝負でAが負けた場合、AとBとは2勝ずつになるので、この後にAが勝てば、3勝2敗でAの勝ちとなります。

○○×　×○　　この確率は　$\frac{1}{2}\times\frac{1}{2}=\frac{1}{4}$

Bが勝てば2勝3敗でBの勝ちです。つまり、Aが負けた場合には、その次の勝負で必ず、勝負がつくのです。

Aが最初に負けて次の勝負で勝つ確率は$\frac{1}{4}$であり、Aが最初に負けて次も負ける確率も$\frac{1}{4}$です。そうすると、そのまま賭けを続けた場合Aの勝つ確率は合わせて$\frac{3}{4}$、Bの勝つ確率は$\frac{1}{4}$になると考えられます。

この確率に期待値の考えを導入すると、A、Bそれぞれの得る金額の期待値は、

Aは　$20\times\frac{3}{4}=15$万円

$$\text{B は}\quad 20\times\frac{1}{4}=5\,\text{万円}$$

となります。勝負が途中で終わってしまった場合には、このように分配するのが妥当であると言えます。

パスカルはその後、フェルマーとの手紙の交換を行い、確率論をさらに発展させました。その議論が現在へと受け継がれ、今日の確率論が築かれてきたのです。

1.5 人生、何が起こるかわからない!

子供たちは、特に中学生や高校生ともなると、いろいろな将来の夢を描くでしょう。医者や看護師になって病気の人たちを救いたい、弁護士になって弱い人の味方になりたい、宇宙飛行士になって宇宙に行ってみたい、画家になりたい、ミュージシャンになりたい、お笑い芸人になりたい、サッカー選手になりたい、野球選手になりたい、平凡だが充実したサラリーマンになりたい、よきパートナーを探して幸せな家庭を築きたい……。

しかし、これらの夢の実現には大きな困難が立ちはだかり、夢を実現できる人は少ないのが真実かもしれません。希望の大学に入学できないかもしれませんし、自分の才能の限界を思い知らされるかもしれません。

挑戦してみた結果は後にならなければわからないのです。努力は報われることもある一方で、いくら努力しても幸運の女神は微笑んでくれないかもしれないのです。実際にやってみるまではわかりません。

でも、将来のことはわからないからこそ、何が起きるかわからないからこそやってみる価値はあり、それが若者の特権でもあり、若者のエネルギーの源であり、人生を楽しくする妙薬なのではないでしょうか。

全てがあらかじめ決まってしまっている人生など楽しいはずがありません。何が起きるかわからないからこそ楽しいのです。

確率を活かして、楽しい人生を生きていきましょう。
「未知のこと」、これを「楽しい」と思い込むしかありません。これは老人でも同じです。70歳、80歳、90歳になっても、「明日への希望」を灯し続けなければ楽しい老後の生活は送れないでしょう。いくら年をとっても、希望を持って、
「明日どうなるかわからない、何かいいことが起きるかもしれない」
と信じましょう。

確率的に起きる「偶然」に、望みを託すことができる。これもまた、「世の中の真実」ではないでしょうか？

1.6 平均寿命、平均余命という必然性に打ち勝とう

＞1.6.1 人はいつまで生きられるのか

一生涯の人生において、最大の関心事は、「自分は何歳まで生きられるか？」でしょう。

死んでしまったらもはや何もできません。死後の世界が待っているだけという話もありますが、なかなか信じがたい話です。肉体が滅んだら、心も、精神もなくなってしまうと考えるのが普通でしょう。すべての動物にはそれぞれの「寿命」があり、それを超えることは不可能です。人間なら、100歳まで生きられるのは極めて珍しく、130歳まで生きた

人はいません。

しかし、だからこそ、努力と運次第で少しでも長生きできるのです。

ギネスに記録されている世界最高齢記録保持者は、ジャンヌ・カルマンさんという女性で、122歳164日（1875年2月21日から1997年4月4日まで）生存していたという記録があります。

ちなみに男性の世界記録者は、木村次郎右衛門さんという日本人で、116歳54日（1897年4月19日から2013年6月12日まで）生存していたということです。

「鶴は千年、亀は万年」と言われますが、実際には、野生の鶴の寿命は20〜30年とのことです。動物園で飼われた鶴は50年ぐらい生きた記録はあるそうですが。

亀は種類によって寿命はいろいろです。たいていは40〜50年で、種類によっては100年以上生きられる亀もいるとか（約250年生きたゾウガメもいるとか）……。

「貴方の寿命はあと37日間です」などと予告されたら、あなたはどうするでしょう？　テレビ番組でたまに「余命宣告」された人の生き方がドラマになったりしますが、「医師の余命宣告」はあまりあてにならないのではないでしょうか？

私事で恐縮ですが、私の母は75歳の時、子宮がんが見つかり、医師から「余命半年」と言われたのですが、実際にはその後6年間も生存していました。医学の進歩は目覚ましいものがあるので、宣告のときのデータで予測したよりも案外長生きする、という場合もあるのではないでしょうか？

それにしても余命を宣告されたら、ショックでしょう。余生をどのように過ごすのか、悩んでしまう人がほとんどでしょう。普通は自分の寿命がわからないからこそ、普通に生活できているのでしょうから。

人間は必ずいつかは「死」を迎えます。130歳まで生きた人間はいません。しかし、その一方で、唯一の救いは、病気で「余命宣告」でもされない限り、普通は「自分がいつ死ぬかは誰にもわからない」ということです。

年を取ってくると、あと何年生きられるか、余命は次第に短くなっていくことは確実です。それでも、いつ尽きるかわからない、生きていけるかもしれない、と思えます。個々の人がいつ死ぬかは偶然の産物であり、わからないのです。

＞1.6.2「平均寿命」「平均余命」とは？

しかし、多数の人を見れば、その寿命はきちんと定まっているのです。それが「平均寿命」や、「平均余命」です。

「平均寿命」は、今生まれたばかりの赤ちゃんは何歳まで生きられるかの、平均値です。人種や、住んでいる地域、国、男性か女性か等で異なってきます。もちろん、時間的に常に変化しています。戦争があれば平均寿命は短くなりますし、平和が続けば平均寿命は延びていきます。医療が発達すれば平均寿命も延びていきます。

平均寿命等は、国の厚生労働省が計算して公表しています。生命表と呼ばれ、「完全生命表（基幹統計）」は、国勢調査をもとに5年毎に発表されています。毎年発表されるのは、「簡易生命表（基幹統計）」です。計算方法等は完全生命表とほとんど同じです。厚生労働省ではこの他に、「都道府県別生命表」と「市区町村別生命表」も5年毎に公表しています。

生命表とは実際どのようなものか、最新のデータである、平成27年7月30日発表の「平成26年簡易生命表（男）」と「平成26年簡易生命表（女）」を表1.1～表1.4に載せておきましょう。

この生命表を理解するために、いくつかの具体例を紹介しておきます。

■30歳男性の場合　1年間で死亡する人の割合は、全体を1とすると、0.00065です。10万人に換算すると、65人が死亡するという予測です。また、30歳の男性の平均余命は、51.21歳であり、81歳と少しの寿命（平均）であると推測されています。

この予測は、これまでのデータをもとにして算出してあり、確実性が高い数値です。個々の30歳の男性が1年間の間に死亡するかは予測がつきませんが、30歳男性をたくさん集めれば、確実に、0.065%の人が亡くなっていくのです。30歳の男性が100万人いれば、650人がほぼ確実に死亡しているのです。

■30歳女性の場合　1年間で亡くなる人の割合は、0.00033で、男性より低く、平均余命は、57.32歳で、平均して87.32歳まで生きられることになります。

■80歳男性の場合　1年間で亡くなる人の割合は、0.05011であり、パーセントで表せば、5.0%です。平均余命は、8.79歳であり、88.79歳まで生きられると予想されているのです。

■80歳女性の場合　1年間で亡くなる人の割合は、0.02438であり、パーセントで表せば、2.4%です。男性と比較すると、約半分です。平均余命は、11.71年であり、平均して91.71歳まで生きられると予想されているのです。

■104歳男性の場合　1年間の死亡率は0.44613であり、約半数は亡くなることになってしまいます。

■104歳女性の場合　1年間の死亡率は0.41099であり、男性よりも少し低いのですが、それでも平均余命は1.68年と短くなってしまいます。平均的には、105.68歳までしか生きられないという必然性が待ち受けているのです。

次に、平均余命とよく似た言葉である「平均寿命」とは何でしょうか。これは、生まれたばかりの人がもつ平均余命のことです。

生まれたばかりの男子の平均余命は、80.50年であり、これを、「男性の平均寿命」というのです。

生まれたばかりの女子の平均余命は、86.83であり、「女性の平均寿命は86.83歳」ということになります。男性と比較して、平均で、6.33歳長生きすることになるのです。

最近の統計では、結婚する時の夫婦の年齢差は、平均して、夫の方が2歳年上ですから、女性は夫が亡くなってから、8年以上も1人で過ごさなければなりません（もちろん子供と同居する等はあるでしょうが）。

もちろん、個々の事例はいろいろで、偶然的ですから、平均通りにはいきません。しかし、大勢集めてみると、平均的には必然的にこのような状態になっているのです。

人間の命の必然性を知って、これを打ち破っていかなければなりません。

食事や睡眠や運動に気をつけて、自分の健康寿命を長くしていきたいものです。それは、寿命の必然性があっても可能なことですから。

表 1.1: 男子の生命表 (50 歳まで)

年齢(男)	死亡率	平均余命	年齢(男)	死亡率	平均余命
0（週）	0.00072	80.50	22	0.00056	58.96
1	0.00011	80.54	23	0.00058	57.99
2	0.00008	80.53	24	0.00058	57.02
3	0.00007	80.51	25	0.00057	56.05
4	0.00023	80.50	26	0.00057	55.09
2（月）	0.00016	80.43	27	0.00058	54.12
3	0.00037	80.36	28	0.00060	53.15
6	0.00040	80.14	29	0.00063	52.18
0（年）	0.00214	80.50	30	0.00065	51.21
1	0.00032	79.67	31	0.00066	50.25
2	0.00022	78.70	32	0.00068	49.28
3	0.00016	77.71	33	0.00070	48.31
4	0.00013	76.73	34	0.00073	47.35
5	0.00011	75.74	35	0.00075	46.38
6	0.00011	74.74	36	0.00078	45.41
7	0.00010	73.75	37	0.00082	44.45
8	0.00009	72.76	38	0.00090	43.48
9	0.00009	71.77	39	0.00100	42.52
10	0.00008	70.77	40	0.00109	41.57
11	0.00009	69.78	41	0.00119	40.61
12	0.00010	68.78	42	0.00130	39.66
13	0.00012	67.79	43	0.00144	38.71
14	0.00015	66.80	44	0.00158	37.76
15	0.00018	65.81	45	0.00173	36.82
16	0.00022	64.82	46	0.00187	35.89
17	0.00027	63.83	47	0.00204	34.95
18	0.00033	62.85	48	0.00225	34.02
19	0.00040	61.87	49	0.00250	33.10
20	0.00047	60.90	50	0.00276	32.18
21	0.00052	59.92			

表 1.2: 男子の生命表 (51 歳以上)

年齢(男)	死亡率	平均余命	年齢(男)	死亡率	平均余命
51	0.00304	31.27	81	0.05668	8.22
52	0.00333	30.36	82	0.06409	7.69
53	0.00366	29.46	83	0.07229	7.18
54	0.00403	28.57	84	0.08111	6.70
55	0.00444	27.68	85	0.09055	6.24
56	0.00486	26.80	86	0.10080	5.82
57	0.00530	25.93	87	0.11209	5.41
58	0.00580	25.07	88	0.12468	5.03
59	0.00638	24.21	89	0.13840	4.68
60	0.00703	23.36	90	0.15267	4.35
61	0.00778	22.52	91	0.16776	4.04
62	0.00862	21.70	92	0.18372	3.76
63	0.00958	20.88	93	0.20055	3.49
64	0.01062	20.08	94	0.21829	3.25
65	0.01165	19.29	95	0.23695	3.02
66	0.01266	18.51	96	0.25654	2.81
67	0.01372	17.74	97	0.27707	2.61
68	0.01491	16.98	98	0.29855	2.43
69	0.01628	16.23	99	0.32096	2.25
70	0.01780	15.49	100	0.34429	2.09
71	0.01940	14.76	101	0.36851	1.95
72	0.02100	14.04	102	0.39359	1.81
73	0.02281	13.33	103	0.41949	1.68
74	0.02504	12.63	104	0.44613	1.56
75	0.02785	11.94	105〜	1.00000	1.45
76	0.03125	11.27			
77	0.03507	10.62			
78	0.03937	9.99			
79	0.04434	9.37			
80	0.05011	8.79			

表 1.3: 女子の生命表 (50 歳まで)

年齢(女)	死亡率	平均余命	年齢(女)	死亡率	平均余命
0 (週)	0.00069	86.83	22	0.00023	65.19
1	0.00009	86.87	23	0.00024	64.20
2	0.00006	86.86	24	0.00025	63.22
3	0.00007	86.85	25	0.00027	62.23
4	0.00025	86.83	26	0.00028	61.25
2 (月)	0.00015	86.76	27	0.00029	60.27
3	0.00032	86.69	28	0.00030	59.28
6	0.00035	86.47	29	0.00031	58.30
0 (年)	0.00198	86.83	30	0.00033	57.32
1	0.00030	86.00	31	0.00035	56.34
2	0.00021	85.03	32	0.00036	55.36
3	0.00014	84.05	33	0.00038	54.38
4	0.00010	83.06	34	0.00040	53.40
5	0.00009	82.07	35	0.00043	52.42
6	0.00008	81.07	36	0.00046	51.44
7	0.00006	80.08	37	0.00050	50.47
8	0.00006	79.08	38	0.00054	49.49
9	0.00006	78.09	39	0.00060	48.52
10	0.00006	77.09	40	0.00066	47.55
11	0.00006	76.10	41	0.00071	46.58
12	0.00007	75.10	42	0.00076	45.61
13	0.00007	74.11	43	0.00082	44.64
14	0.00007	73.11	44	0.00090	43.68
15	0.00008	72.12	45	0.00099	42.72
16	0.00010	71.12	46	0.00109	41.76
17	0.00012	70.13	47	0.00119	40.81
18	0.00015	69.14	48	0.00129	39.85
19	0.00017	68.15	49	0.00139	38.91
20	0.00019	67.16	50	0.00152	37.96
21	0.00021	66.17			

表 1.4: 女子の生命表 (51 歳以上)

年齢(女)	死亡率	平均余命	年齢(女)	死亡率	平均余命
51	0.00166	37.02	81	0.02802	10.99
52	0.00181	36.08	82	0.03225	10.29
53	0.00196	35.14	83	0.03715	9.62
54	0.00212	34.21	84	0.04274	8.97
55	0.00228	33.28	85	0.04906	8.35
56	0.00244	32.36	86	0.05612	7.75
57	0.00260	31.43	87	0.06436	7.18
58	0.00276	30.51	88	0.07417	6.64
59	0.00295	29.60	89	0.08565	6.13
60	0.00318	28.68	90	0.09880	5.66
61	0.00344	27.77	91	0.11266	5.22
62	0.00375	26.87	92	0.12713	4.82
63	0.00410	25.97	93	0.14228	4.45
64	0.00450	25.07	94	0.15706	4.11
65	0.00488	24.18	95	0.17422	3.78
66	0.00525	23.30	96	0.19300	3.47
67	0.00563	22.42	97	0.21350	3.19
68	0.00606	21.54	98	0.23581	2.92
69	0.00660	20.67	99	0.26003	2.67
70	0.00727	19.81	100	0.28620	2.44
71	0.00805	18.95	101	0.31439	2.23
72	0.00889	18.10	102	0.34460	2.03
73	0.00987	17.25	103	0.37682	1.85
74	0.01103	16.42	104	0.41099	1.68
75	0.01242	15.60	105～	1.00000	1.52
76	0.01408	14.79			
77	0.01606	13.99			
78	0.01841	13.21			
79	0.02116	12.45			
80	0.02438	11.71			

1.7 生命保険、医療保険が儲かるカラクリ

毎月保険料（掛金）を支払い、契約期間内に万が一死亡した場合に保険金を受け取れるのが生命保険です。一例として、ある保険会社で、保険期間が10年間の生命保険を40歳男性が契約して、死亡保険金が1000万円である場合、月払保険料は2374円です。

彼が10年間に支払う保険料総額は、2374×12×10＝284880円、約28万円余りです。この金額さえ支払っておけば、10年の保険期間のどこかの時点で万が一亡くなったとき、家族は1000万円を受け取れるのです。

もし契約者がこの男性1人しかいなかったら、彼が亡くなったとき、保険会社は1000万円－28万円＝972万円の損害を被ることになります。

しかし、契約者が1000人いたときは、話は全く別になってくるのです。保険会社が受け取る保険料の総額は、284880×1000＝284880000となり、2億8488万円になります。支払う保険金は、契約者の1000人の中で、何人が10年間に亡くなるかで決まります。それを生命表から計算してみましょう。

40歳の男性が1年間で亡くなる確率は、0.00109、
生存している割合は、1－0.00109＝0.99891。
41歳の男性が1年間で亡くなる確率は、0.00119、
生存している割合は、1－0.00119＝0.99881。
42歳の男性が1年間で亡くなる確率は、0.00130、
生存している割合は、1－0.00130＝0.99870。
43歳の男性が1年間で亡くなる確率は、0.00144、
生存している割合は、1－0.00144＝0.99856。

44歳の男性が1年間で亡くなる確率は、0.00158、
生存している割合は、1－0.00158＝0.99842。
45歳の男性が1年間で亡くなる確率は、0.00173、
生存している割合は、1－0.00173＝0.99827。
46歳の男性が1年間で亡くなる確率は、0.00187、
生存している割合は、1－0.00187＝0.99813。
47歳の男性が1年間で亡くなる確率は、0.00204、
生存している割合は、1－0.00204＝0.99796。
48歳の男性が1年間で亡くなる確率は、0.00225、
生存している割合は、1－0.00225＝0.99775。
49歳の男性が1年間で亡くなる確率は、0.00250、
生存している割合は、1－0.00250＝0.99750。

40歳男性が、50歳まで生存できる割合は、これらの各年齢の生存確率を掛けて得られます。

$$0.99891 \times 0.99881 \times 0.99870 \times 0.99856 \times 0.99842 \times 0.99827 \times 0.99813 \times 0.99796 \times 0.99775 \times 0.99750 = 0.983138\cdots$$

結局、50歳までの10年間に亡くなる人の確率（割合）は、1－0.983138＝0.016862となるのです。

1000人の契約者の中で、10年間に亡くなる人は、約16.862人しかいないのです。多く見積もって、17人としても、支払う死亡保険金は、1000万円×17＝1億7000万円に過ぎません。

被保険者から受け取った保険料は、総額2億8488万円でしたから、差し引き、2億8488万円－1億7000万円＝1億1488万円は、保険会社の収入になるという計算になります。保険会社はこの中から、広告料や人件費を支出して、純

利益が確保されることになります。

契約者の数が1000人でなく、1万人だったとすると、保険料収入は28億4880万円です。一方、支払う死亡保険金は、16億8620万円ですから、差し引き、11億6260万円が収入として残ることになります。人件費や広告料を引いても純利益は相当な金額で、生命保険は儲かる商売、利益が上がる分野ということで、生命保険会社は乱立しているのです。

もっとも、リスクがないわけではありません。各年齢の死亡率は、平時の、何の大事件もない場合は、確実にこの表に従って人は亡くなっていくのです。しかし、戦争が勃発したり、広範囲の大地震や大災害が起きたりして、亡くなる方が急増すれば、死亡する人の数は増加して、支払うべき保険金が増大していきます。その結果、契約者数が少なければ、支払うべき保険金が、受け取った保険料を超過してしまい、保険会社は倒産することになります（このため、保険の説明文書には、大災害等で死亡したら保険金が支払われない場合がある、という「免責」の条項がよく書かれています）。

もっとも、万一、保険会社が倒産しても、「生命保険契約者保護機構」という機関があり、契約者は一定の範囲で保護され、一定の救済は受けることができるのですが……。

いずれにしても、生命表は、多数の人の統計結果でしかありません。このような多数の人の法則に左右されないように、健康的な生活をし、栄養のバランスの取れた食事をし、適度の運動もし、ストレスもためないで……と、健康寿命を個人的に延ばす努力こそが大事だということです。

これもまた、「世の中の真実」なのです。

第1章コラム　保険の歴史

現在では、保険というと大きく分けて、「生命保険」と、「損害保険」があります。これらの保険は人類の知恵が生み出した制度であることは確かでしょう。

このような保険はいつ頃から始まったのでしょうか？　損害保険と生命保険で分けて調べてみましょう。

損害保険の一番はじめは、古代オリエントにまでさかのぼると言われています。古代オリエントでは、各地を結んで交易が盛んでしたが、自然災害・盗賊・海賊等のリスクも大きかったようです。ここでは損失を補塡するための資金の借入れが行われ、保険の起源が生まれたということです。

大航海時代には保険料を先に支払い、交易して無事に帰ってくれば保険料は返還されないが、交易がうまくいかなかったら賠償金が受け取れるという制度が整ってきます。これが海上保険となり、1347年にはイタリアのジェノヴァで「海上保険証券」が発行されているそうです。

北海地方でも、ベルギーのブリュージュでは1310年頃「海上保険取引所」も登場したとのことです。

その後、近代的な損害保険は、17世紀後半に始められたようです。17世紀末には、エドワード・ロイドが経営するコーヒーハウスに関係者が集まり、保険引受業者も多く、保険引受が行われるようになったようです。ここから、国際的な保険組織の「ロイズ」が形成されていきました。

ベンツが自動車を発明して特許を取得したのは1886年とされていますが、自動車保険は、その10年後の1896年には登場していたとのことです。

近代になってこれらの保険が発達した背景には、確率や統計などの発達が関係していました。確率や統計などの数学を活用することで、詳しい保険料率の計算ができ、保険が整備されていったのでした。

日本で保険制度が始まったのは、江戸時代末期のようです。江戸幕府が各国と通商条約を結んで、そこから外国の保険会社が日本に進出してきました。江戸幕府が日米修好通商条約を結んだ翌年の1859年には、横浜で損害保険が外国の保険会社によって始められました。

日本に保険の考えを紹介したのは、かの福沢諭吉で、彼の著書『西洋事情』（1866年～1870年）で解説されています。

1879年には日本最初の海上保険会社（東京海上保険会社）が営業を開始し、1887年には日本最初の火災保険会社（東京火災保険会社）が営業を開始しました。

生命保険の歴史は、損害保険より古く、古代ローマの互助制度にあると言われています。この互助組織（西暦100年頃）の会員になり入会金を払っておくと、亡くなった時に遺族に弔慰金が支払われたというのです。まさに生命保険ですね。

当時のローマには寿命を推定し、それに基づいて保険金額を定めるという法律まであったという話もあります。考え方は現在と同じですね。

（このコラムの記述は、以下の記事に拠っています：
・　マーブル株式会社 Webサイト http://www.eiki-i.com/qa.html 所収「保険の歴史」
・　一般社団法人ポスタルくらぶ Webサイト http://www.postal-club.com/finance/fin-plan/fin-plan083.aspx 所収「生命保険の歴史　その1」）

第2章

確率とは何か？

2.1「必然」と「偶然」のからみ合い

「人間は130歳までは生きられない」という事実は「必然」です。しかし、いつどのような理由で命を落とすかは「偶然」で、誰にもわかりません。私たちの人生はこのような「必然と偶然のからみ合い」から成り立っているのです。

宝くじでも同じです。「誰が当たるかはわからず、自分が当たることは偶然で、今まで当たったためしはない」という事実がある一方で、毎年何十人もの人が1億円以上を獲得しているという「必然」もあるのです。

宝くじの確率は後の第4章で詳しく分析しましょう。

「確率」というのは、このような「必然と偶然のからみ合い」を客観的にとらえ、数値で表現したものに他なりません。これから200年の間には、「首都直下型地震」や「東海地震」は必ず起きるという「必然」がある一方で、これから1年間で起きるかどうかは全くの「偶然」で、いつ起きるかは誰にもわからないという現実もあります。どんな地震学者でも、観測網がどのように発達しても、「いつ起こるか」を予測することはできないのです。

確率論は、このような、「必然と偶然のからみ合い」を解析する科学です。本書全体の課題も、このからみ合いを説明することです。そして、あなたの努力によって、この「必然」を打ち破ることができるのです。

「偶然の中にどのような必然があるのか？」「必然性はどのような偶然性を媒介して実現してくるのか？」を明らかにするのが本書の課題なのです。そして、それを「偶然を味方につける」のに活用してくれることを願っています。

2.2「デタラメ」の中にも法則がある?!

普通の、立方体でできた均質なサイコロを、普通に、テーブルの上に投げたときに、⚀、⚁、⚂、⚃、⚄、⚅のどの目が上を向くかは偶然であり、目の出方はデタラメで、予測することは不可能です。

逆に、サイコロで実際に遊んだ経験が少ない高校生や大学生などの若者の中には、「6回投げれば、⚀の目は必ず1回出る」と思い込んでいる人も多いのです。

「6回投げれば、⚀の目は必ず1回出る」というのが正しいかどうか？　実際にサイコロを投げてみれば、その真偽はすぐにわかります。

実際に、サイコロを60回投げてみると、例えば、図2.1

図 2.1: サイコロを 60 回投げた結果

のようになります。もちろんこれは一例であって、これに似たような結果がいくらでも得られるのです。

この60回の中で、どの目が何回出たかを数えてみましょう。⚀が8回、⚁が10回、⚂が5回、⚃が15回、⚄が9回、⚅が13回でした。

「どの目も同じぐらいの回数が出るだろう」と予測した人もいるかもしれませんが、⚂の目は5回しか出なかった一方で、⚃の目は15回も出ているのです。ずいぶんと差があると思う人が多いでしょう。

目の出方の順番もめちゃくちゃで、⚀の目は最初の10回の間には一度も出ていません。また、同じ目が続けて出ることも結構あり、3回続けて⚁の目が出たことさえあるのです。

それでは、サイコロの目の出方は全くデタラメで、何の必然性も、何の規則性もないのでしょうか？

実ははっきりとした規則性があるのです。その規則性は、60回投げたぐらいでは現れてきません。

600回、6000回、60000回と、投げる回数を増やしていったときに初めて現れてくる規則性があるのです。

600回、6000回、60000回投げたときのそれぞれの目の出た回数を、表2.1に紹介しておきましょう。もちろんこの数値は、実験を行うたびに異なる数値となるのですが。

60回投げたときは、一番たくさん出た回数と、一番少なかった回数の差は、15－5＝10回でした。

600回投げたときは、一番たくさん出た回数と、一番少なかった回数の差は、109－81＝28回でした。

6000回投げたときは、一番たくさん出た回数と、一番少なかった回数の差は、1029－966＝63回でした。

60000回投げたときは、一番たくさん出た回数と、一番少

表 2.1: サイコロを投げた回数と目の出た回数

投げた回数	60 回	600 回	6000 回	60000 回	600000 回
⚀の出た回数	8 回	103 回	988 回	10108 回	99742 回
⚁の出た回数	10 回	81 回	1004 回	9938 回	100063 回
⚂の出た回数	5 回	109 回	1029 回	10140 回	100078 回
⚃の出た回数	15 回	108 回	988 回	9981 回	100508 回
⚄の出た回数	9 回	103 回	966 回	10004 回	100012 回
⚅の出た回数	13 回	96 回	1025 回	9829 回	99597 回

なかった回数の差は、10140－9829＝311 回でした。

600000 回投げたときは、一番たくさん出た回数と、一番少なかった回数の差は、100508－99597＝911 回でした。

投げる回数が増えていけば、不規則性が大きくなっていき、出やすい目と出にくい目の回数はどんどん開いていくことがわかるでしょう。「これでは規則性などない」と考える人がほとんどです。

2.3 確率の導入例

日本では、中学校や高等学校での確率の授業に「シャガイ」を取り入れている実践もいくつか見受けられます。

筆者も大学の確率の授業で、学生にシャガイを投げさせて、どの面が上になる確率はどのくらいかを、予想させたり実験で確かめたりしたことがあります。サイコロや硬貨などと違って、実験してみるまで、確率がどうなるかわからないところが面白いのです。

ここで、実際の授業の実践例を紹介しておきましょう。実践したのは、中央大学経済学部での、科目名は「基礎数学B1（確率）」です。

モンゴルでは各面に動物の名前を付けているのですが、投げた結果がどの面であるかがわかりにくいので、ウマに1、ヤギに2、ラクダに3、ヒツジに4の数字を書いておいて、どの面がどのような回数で出るかを実験しました。

投げた回数の結果を記入するための用紙を配布します。

それぞれの目が出た相対頻度をグラフにすると次のようになりました。横軸は学生の数です。

はじめに、1の目の出方の結果です（図2.2）。

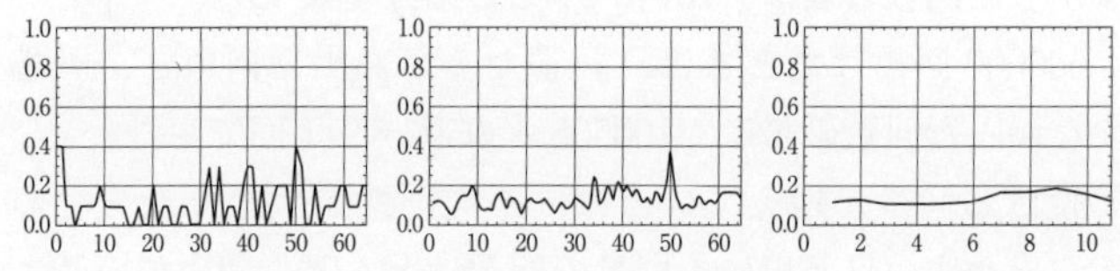

図 2.2: シャガイの 1 の出方

一番左のグラフは、横軸に並んだ学生ごとに、10回投げたときの1の目が表を向いた相対頻度です。中央のグラフは、100回投げたときの1が表を向いた相対頻度です。一番右のグラフは、1000回投げたときの1が表を向いた相対頻度です。

次は、2の目の出方の結果です（図2.3）。

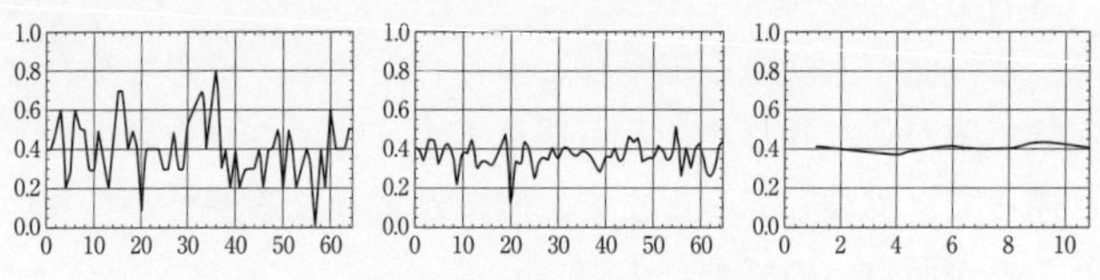

図 2.3: シャガイの 2 の出方

一番左のグラフは、横軸に並んだ学生ごとに、10回投げたときの2の目が表を向いた相対頻度です。中央のグラフは、100回投げたときの2が表を向いた相対頻度です。一番右のグラフは、1000回投げたときの2が表を向いた相対頻度です。

次は、3の目の出方の結果です（図2.4）。

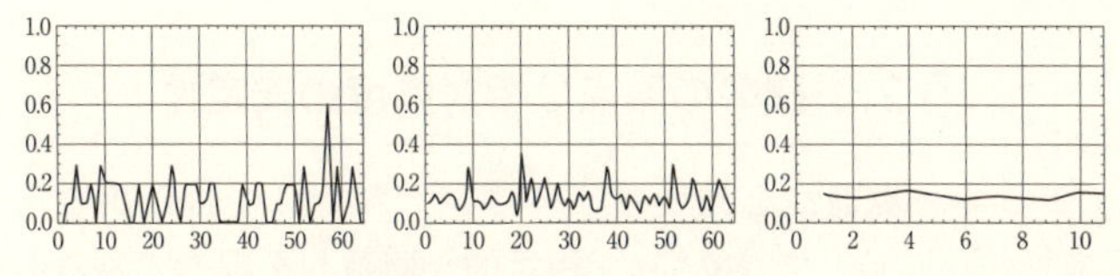

図 2.4: シャガイの 3 の出方

一番左のグラフは、横軸に並んだ学生ごとに、10回投げたときの3の目が表を向いた相対頻度です。中央のグラフは、100回投げたときの3が表を向いた相対頻度です。一番右のグラフは、1000回投げたときの3が表を向いた相対頻度です。

次は、4の目の出方の結果です（図2.5）。

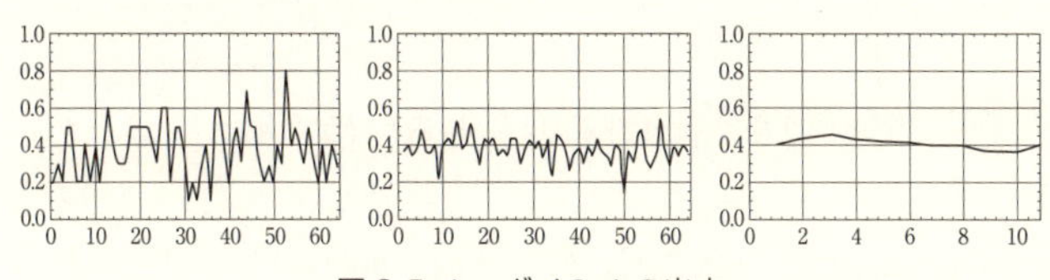

図 2.5: シャガイの 4 の出方

一番左のグラフは、横軸に並んだ学生ごとに、10回投げたときの4の目が表を向いた相対頻度です。中央のグラフは、100回投げたときの4が表を向いた相対頻度です。一番右のグラフは、1000回投げたときの4が表を向いた相対頻度度です。

10回、100回、1000回と投げる回数を増やしていくと、各目の出方の相対頻度は、学生による違いはなくなり、どの目も次第に安定してくることがわかります。この結果から、$P(1)=0.1$、$P(2)=0.4$、$P(3)=0.1$、$P(4)=0.4$としてよいことがわかるでしょう。

2.4 確率の原点は相対頻度の安定性

ここで、規則性を見つけるには、それぞれの目が出た、「絶対的な回数」でなくて、「相対的な回数」を調べてみることが必要なことがわかったでしょう。サイコロ投げの例で、60回投げたとき、⚄の目が出た回数は9回でしたが、これは、「絶対的な回数」なのです。「相対的な回数」とは、投げた回数を考慮し、投げた回数を1として、⚄の出た回数を表す数値であり、「割合」とも言えるのです。

計算としては、⚄の目が出た回数を投げた回数で割った、

$$\frac{9}{60}=0.150$$

です。この数値を、「相対頻度」あるいは「相対度数」と呼びます。

60回、600回、6000回、60000回、600000回投げたときの、それぞれの目が出た相対頻度を計算してまとめると、表2.2のようになります。いずれも小数第4位を四捨五入しています。

60回投げたとき、最大値－最小値＝0.250－0.083＝0.167

表 2.2: サイコロを 60 回、600 回、6000 回、60000 回、600000 回投げたときの、出た目の相対頻度

投げた回数	60 回	600 回	6000 回	60000 回	600000 回
⚀の出た相対頻度	0.133	0.172	0.165	0.168	0.166
⚁の出た相対頻度	0.167	0.135	0.167	0.166	0.167
⚂の出た相対頻度	0.083	0.182	0.172	0.169	0.167
⚃の出た相対頻度	0.250	0.180	0.165	0.166	0.168
⚄の出た相対頻度	0.150	0.172	0.161	0.167	0.167
⚅の出た相対頻度	0.217	0.160	0.171	0.164	0.166

600 回投げたとき、最大値－最小値＝0.182－0.135＝0.047
6000 回投げたとき、最大値－最小値＝0.172－0.161＝0.011
60000 回投げたとき、最大値－最小値＝0.169－0.164＝0.005
600000 回投げたとき、最大値－最小値＝0.168－0.166＝0.002

600000 回も投げると、どの目の出る相対頻度も、ほぼ 0.167 となり、プラスマイナス 0.001 の範囲に収まってしまうことがわかります。

この事実が、偶然の中に潜んでいた「規則性」、つまり「必然性」なのです。サイコロを投げたとき、どの目が出るかは全く偶然でわかりませんし、少しぐらい投げてみても、どの目が出るかには規則性がありません。

しかし、極めて多数回投げていくと、どの目も、その目が出る相対頻度は等しくなっていき、結局、$\frac{1}{6}=0.1666\cdots$、約 0.167 に近くなっていくことがわかります。

どの目の出る相対頻度もすべて等しければ、全体の 1 を 6 で均等に割った、$\frac{1}{6}=0.1666\cdots$ に等しくなります。小数第 4 位を四捨五入すれば、0.167 となります。

ところで、以上の説明に多少疑問を抱く人がいるかもしれません。

「筆者1人の1回だけの結果だろう、別の人が実験したらこうはならないかもしれないぞ」

と、あるいは改良してほしい点として、

「数値だけではわかりにくい。図に示してもっとわかりやすく表してほしい」

という希望もあることでしょう。

そこで、この2つの希望を同時に満たしてみましょう。1人でなく、20人の結果を紹介しましょう。しかも、数値でなく、図で表してみます。

どれかの目を固定し、例えば、⚀の目が出る相対頻度を、20人分集めます。60回投げたときの、20人の⚀の目が出た相対頻度は、例えば図2.6のようになります。

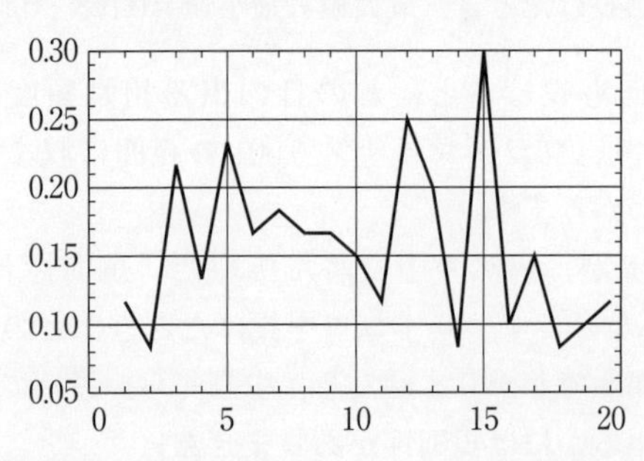

図2.6:20人が60回投げたときの、サイコロの⚀の目が出た相対頻度

数値は省略して、図だけを示します。20人分を示すと、20人それぞれがかなり異なる相対頻度になることがわかります。

600回投げたときの、20人の⚀の目が出た相対頻度は、例えば図2.7のようになります。

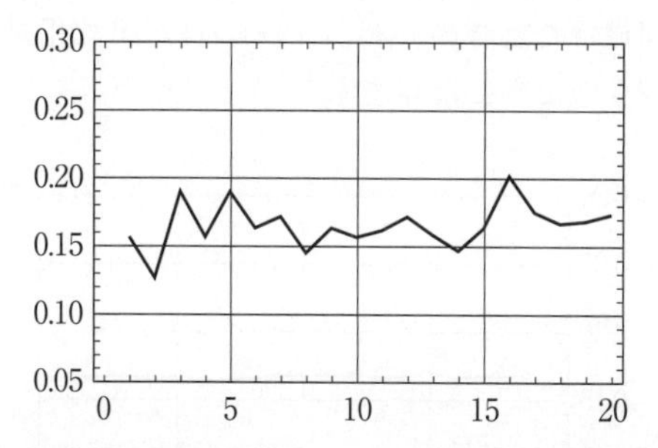

図 2.7:20 人が 600 回投げたときの、サイコロの⚀の目が出た相対頻度

数値は省略して、図だけを示します。20 人分を示すと、20 人それぞれがかなり異なる相対頻度になることがわかります。しかし、60 回のときの違い（人による違い）よりは小さくなっていることもわかるでしょう。

6000 回投げたときの、20 人の⚀の目が出た相対頻度は、例えば図 2.8 のようになります。

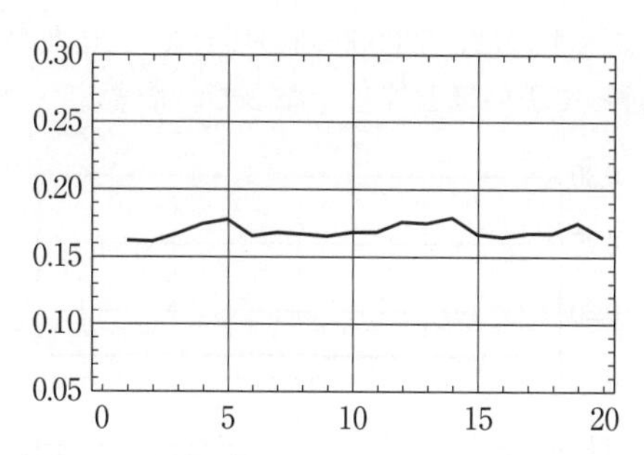

図 2.8:20 人が 6000 回投げたときの、サイコロの⚀の目が出た相対頻度

数値は省略して、図だけを示します。20 人分を示すと、20 人それぞれが少し異なる相対頻度になることがわかるでしょう。しかし、600 回のときの違いよりはかなり小さくなっていることもわかるでしょう。

60000回投げたときの、20人の⚀の目が出た相対頻度は、例えば図2.9のようになります。

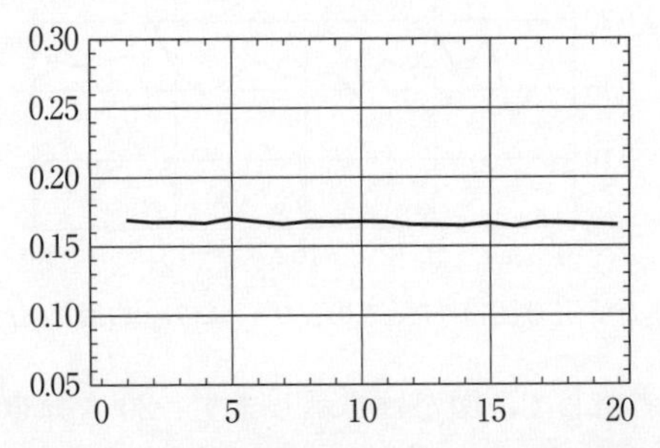

図 2.9:20 人が 60000 回投げたときの、サイコロの⚀の目が出た相対頻度

数値は省略して、図だけを示します。20人の⚀の目が出た相対頻度は、ほとんど同じ値になってきていることがわかるでしょう。

図2.10に示すのは、600000回の場合で、20人の違いは全くないと言ってよいほど等しくなっています。

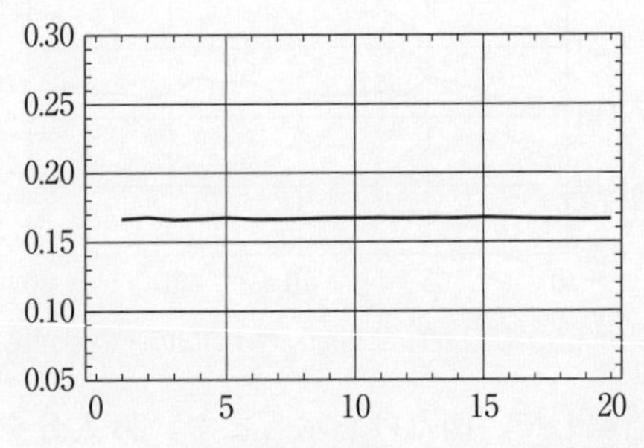

図 2.10:20 人が 600000 回投げたときの、サイコロの⚀の目が出た相対頻度

これが、「デタラメの中の規則性」なのです。「偶然現象にも法則が隠れている」のです。

このような、「相対頻度の安定性」を、「大数の法則」ということもあります。これは、理論で展開する法則ではなく、偶然現象で確認される、客観的に存在する法則のことです。

この法則は、確率の公理から出発し、いろいろな準備をした後で、理論的に証明することができ、普通はこれを「大数の法則」というのです。

この法則が証明できたということは、偶然現象に現れる「相対頻度の安定性」という客観的な事実を、理論的な枠組みで表現できたということになるのです。

「理論」とか、「定理」とか「法則」というのはみなこのような性質なのです。客観的に存在する事実と、理論上の定理の関係をきちんと理解しておかなければなりません。

60万回のサイコロ投げを実際に手で行うことは不可能です。これまでの図は、全て、コンピュータの数学ソフトを利用して作成しています。

どのソフトでも比較的簡単にできます。筆者が常用している、*Mathematica* での入力（プログラム）を巻末に紹介しておきます。

確率を学習するのに、数学ソフトは欠かせませんが、*Mathematica* での活用方法を知りたい方は、拙著『*Mathematica* 確率——基礎から確率微分方程式まで』（朝倉書店）を参照してください。

2.5 いろいろな確率になるベルトランのパラドックス

「ベルトランのパラドックス」は、確率の意味を考えるのに適したパラドックス（逆説）の一つです。

問題は次のようなものです。

1つの円と、それに内接している正三角形があります（図2.11)。ここで、課題として与えられるのが、この円に、「デタラメに1本の弦を引く」というものです。

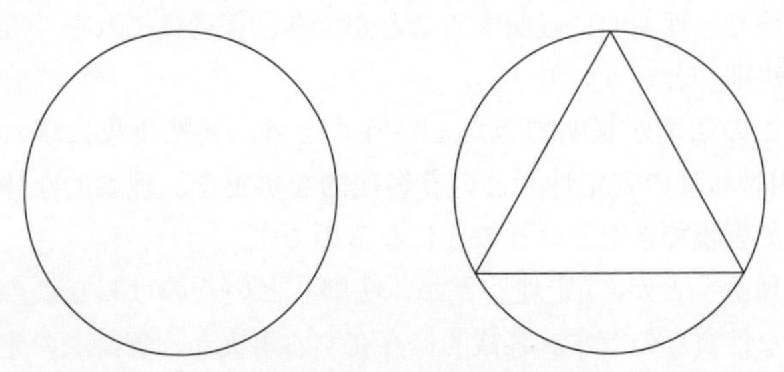

図 2.11: ベルトランのパラドックス

このとき、

「このデタラメに引いた弦の長さが、内接する正三角形の1辺の長さより長くなる確率を求めよ」

という課題を考えてみましょう。

この課題を与えられて困るのは、デタラメに弦を引くと言われても、どうやって引く弦を決めたらよいだろうか？ ということです。

デタラメにというのがいかに難しいかは、第3章で登場する、「0と1をデタラメに100個書く」という話題でも再確認できることでしょう。

＞2.5.1 ベルトランのパラドックスの3つの考え方

いろいろな考えが出てくるでしょう。

■第1の考え　図2.12のように、1つの直径の上の点をランダムに選び、そこで垂線を立てて弦を引きます。

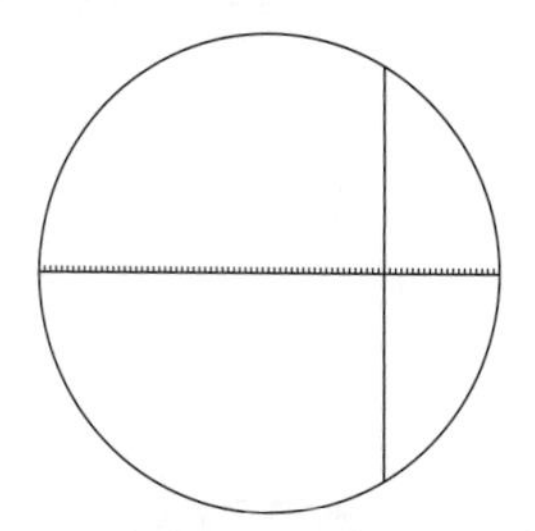

図 2.12: ベルトランのパラドックス（第 1 の考え）

ここで、計算が易しくなるように、この円は、原点が中心で、半径は 2 であるとしましょう。

このように弦を引くと、弦の長さが、内接する正三角形の 1 辺より長くなるのは、垂線を引く x 座標が、-1 と、1 の間に来るときであることがわかります。

直径の上の弦を「デタラメに引く」ということは、直径上の点を、「等確率で選ぶ」ということであると考えられます (図 2.13)。

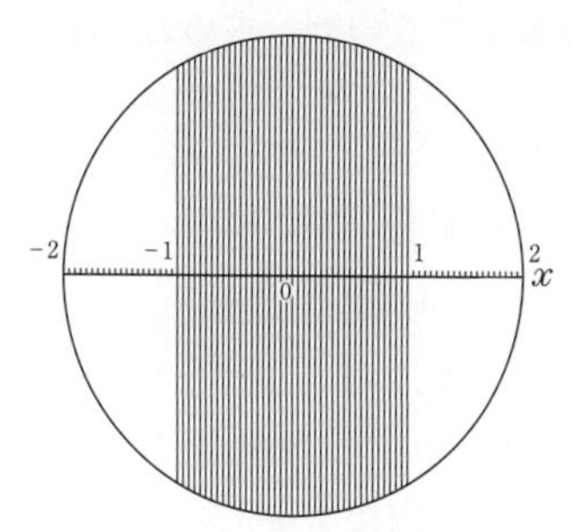

図 2.13: ベルトランのパラドックス（第 1 の考え）

直径の長さは 4 であり、-1 と 1 の間の長さは、2 ですから、弦の長さが内接する正三角形の 1 辺より長くなる確率は次のようになります。

$$\frac{2}{4}=\frac{1}{2}$$

■第2の考え　今度は、円周上の点を、均等にランダムにとって、直径に垂線を下ろして、弦を決めます（図2.14)。

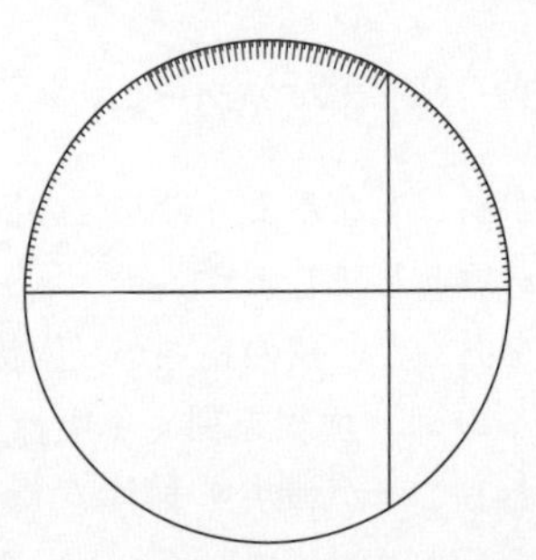

図 2.14: ベルトランのパラドックス（第2の考え）

この場合の確率は、円周上の $\frac{1}{3}$ に来れば、内接する正三角形の1辺より長くなるので、求める確率は次のようになります。

$$\frac{1}{3}$$

■第3の考え　今度は、弦の中点に着目します（図2.15)。弦の中点と円の中心の距離が、半径の半分以下にあるとき、弦の長さは、内接する正三角形の1辺より大きくなることに注目しましょう。

このようになる確率は、面積で考えると、次のように計算できます。

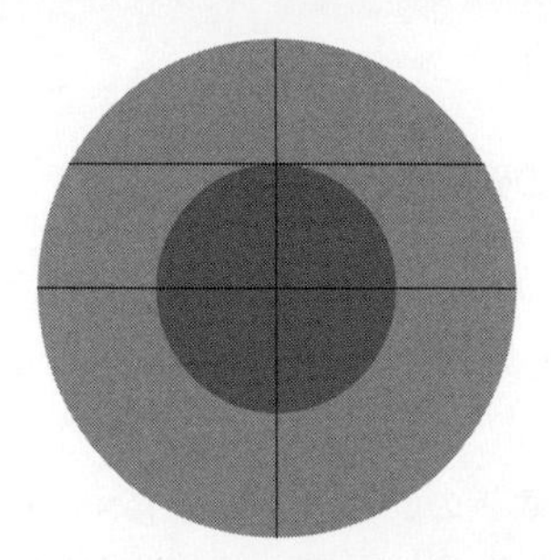

図 2.15: ベルトランのパラドックス（第 3 の考え）

$$\frac{\pi\left(\frac{r}{2}\right)^2}{\pi r^2}=\frac{1}{4}$$

なんと、$\frac{1}{2}$、$\frac{1}{3}$、$\frac{1}{4}$ の 3 通りの確率が得られてしまったのです。

実は、直径の延長上の 1 点からこの円に線を引いて弦を作ると、確率は、$\frac{1}{3}$ から $\frac{1}{2}$ の間の値を自由に作れるのです。「確率の値がいくつもあるのではおかしいのではないか？」と思う人がいるでしょうが、実はこれは当然なのです。「デタラメに弦を引く」と言っても、その弦の引き方は指定されていないので、いろいろな「デタラメ」さがありうるからです。

確率は、偶然現象におけるある事象の現れる相対頻度の安定していく値ではありますが、「偶然現象」の内実を明らかにしなければ、相対頻度の値も定まらないのは当然なのです。

確率は、「定まった偶然現象に定まる数値」であることがわかるでしょう。

ベルトランのパラドックスは、このことを示してくれる優れた問題なのです。

＞2.5.2 画鋲の確率もいろいろ

硬貨やサイコロのように等確率でない例としてよく挙げられるものに、「画鋲を投げて、針が上を向く確率」があります。

この確率も、画鋲の針の長さに依存するのはもちろんですが、同じ画鋲でも、机の材質や、机の上に敷いてある紙や布などが異なれば、針が上を向く相対頻度はずいぶん違ってくるのです。

画鋲を投げて針が上を向く確率は、このような諸条件が定まらなくては議論さえできないのです。

確率を語るには、このように、偶然現象の全体構造を明記しなければ意味がないことが確認できたでしょう。

2.6 確率の意味とは?

ここまで来ると、「確率とは何か?」、「確率の値の意味するものは?」という疑問に答えられるでしょう。

確率を考えうる大前提として、「偶然現象」があります。偶然現象とは、極めて多数の複雑な過程を経て起こってくる現象のことで、要因が極めて多数で複雑なために、結果はいろいろに変化し、予測などは不可能です。

偶然現象の結果には連続量も入るのですが、はじめは簡単のために、「有限な離散的な量」だけを考えておきましょう。

偶然現象の結果起きる事柄を、「事象」といいます。基本的な事象に名前をつけて、$e_1, e_2, \cdots$とし、「基本事象」と呼びます。一般の事象はこの基本事象の組合せで出来ているのです。例えば、事象 A は、$A=\{e_1, e_2\}$ などとなります。

偶然現象を1回観察するとき、「試行」と呼び、偶然現象を極めて多数回実験するとき、「多数回の試行」と呼びます。

事象 A の確率が考えられるのは、極めて多数回の試行において、事象 A の起きる相対頻度の値が安定していき、一定の値を予測できるまでになったときです。その「安定していく相対頻度の値」を、「事象 A の起きる確率」と呼ぶのです。

サイコロを投げたとき、⚀が出る確率を、$\frac{1}{6}$ と呼ぶのは、サイコロを極めて多数回投げれば、⚀の出る相対頻度が、次第に $\frac{1}{6}$ に安定していくからに他ならないのです。

2.7 生まれるのは女児か男児か？　確率は？

2.7.1 女児と男児、統計ではどちらが多く生まれる？

次に生まれる子供が女児なのか男児なのかは、両親にとっては大きな関心事です。どちらかを希望しても希望通りにはいかないものです。女児か男児かが決まる過程は遺伝子レベルの出来事で、極めて複雑で、偶然的な要因が多数絡んでいますから、予測など不可能なのです。

それでも、普通は、女児が生まれる確率は $\frac{1}{2}$、男児が生まれる確率も $\frac{1}{2}$ と思っていいでしょう。硬貨を投げる確率と同じことです。

しかし、実際にたくさんの統計データを調べると、「男児が生まれる場合が女児が生まれる場合より多い」ことがわかっています。その理由は難しく、明確にはされていません。

厚生労働省発表の人口動態統計表から、1900年から2015

年までの、全出生数の中での男児の割合を、1900年から2015年まで、5年刻みで読み取ると、次のようになります（2015年のデータは未発表なので2014年のデータです。また、1945年のデータがないので、1947年のデータを使用してあります）。

1900年　0.5124、1905年　0.5066、1910年　0.5095、
1915年　0.5104、1920年　0.5110、1925年　0.5085、
1930年　0.5129、1935年　0.5126、1940年　0.5125、
1947年　0.5140、1950年　0.5147、1955年　0.5141、
1960年　0.5135、1965年　0.5129、1970年　0.5172、
1975年　0.5149、1980年　0.5146、1985年　0.5136、
1990年　0.5132、1995年　0.5126、2000年　0.5142、
2005年　0.5130、2010年　0.5141、2014年　0.5137

この24個のデータの平均値は、0.51278となります。

数値だけではわかりにくいのでグラフで表すと、図2.16のようになります。

生まれてくる新生児の中で、男児である比率が、ほぼ一定で、約51.3％であることがわかります。この比率は、毎年かなり安定した比率です。

個々の両親にとっては、男児か女児かは全く偶然で、制御のしようがないのですが、日本全体で見ると、ほぼ確実に男児の新生児が少し多く生まれているのです。

最近でも、2014年の新生児の数は1003539人で、男児は515533人（51.37％）、女児は488006人（48.63％）でした。

生まれたばかりは男児の方が少し多いのですが、年齢が上がっていくと次第に男女の人数は同じになっていき、ある年齢から逆転してきます。

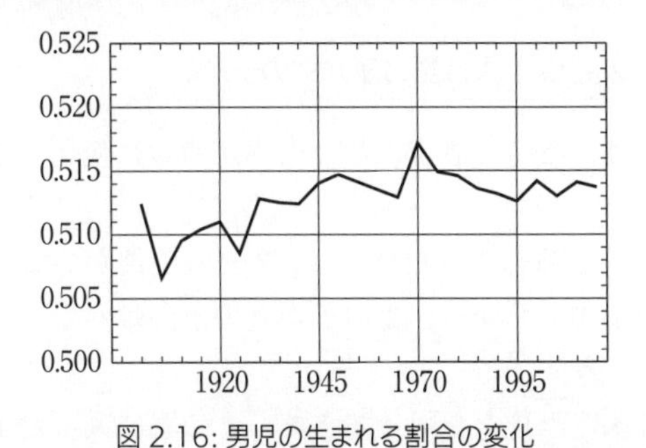

図 2.16: 男児の生まれる割合の変化

平成 26 年 4 月、総務省発表の平成 25 年 10 月時点での人口推計によると、日本人の年齢別人口で、女性が男性を上回るのは、54 歳です。

- 53 歳の男子人口は 757（千人）、女子人口は 754（千人）
- 54 歳の男子人口は 769（千人）、女子人口は 770（千人）

と、逆転するのです。以後は女子の割合がどんどん増えていきます。

- 80 歳の男子人口は 453（千人）、女子人口は 640（千人）
- 90 歳の男子人口は 89（千人）、女子人口は 258（千人）
- 100 歳以上の男子人口は 7（千人）、女子人口は 48（千人）

のようにです。100 歳以上の女子は、男子の 7 倍近くもの人が生きているのです。

子供の年齢では男女の差は大きくはないので、中学 1 年生を勝手に選んだとき、男子生徒である確率は、$\frac{1}{2}$ と考えてもよいのです。もちろん女子生徒である確率も $\frac{1}{2}$ であるとしても差し支えありません。

＞2.7.2 もう１人は男の子か女の子か？

次の例は、条件の設定次第で確率が微妙に変化してしまう例です。

近所に引っ越してきた家には、２人の子供がいることはわかっています。しかし、男の子か女の子かはわかっていないとしましょう。

ある日偶然学校から帰ってきて、この家に入った１人の子供が、男の子であったのを目撃しました。もう１人は男の子でしょうか、女の子でしょうか？

「もう１人が男の子か女の子か、確率は $\frac{1}{2}$ である」

と考える人が多いかもしれません。しかし、この考えは間違っているのです。

なぜなら、２人の子供がいる場合、年齢の上の子供と下の子供の組合せで、

A：(男, 男)、B：(男, 女)、C：(女, 男)、D：(女, 女)

の４通りがあり、このどれもが平等で、等確率で起きるからです。

「１人が男」という条件が与えられたということは、A、B、C、のどれかが起きていることがわかったのです。

この中で、「もう１人が女」が２通りあり、「もう１人が男」は１通りしかありません。

したがって、

「もう１人が男の確率は $\frac{1}{3}$ であり、もう１人が女の確率は $\frac{2}{3}$ である」

というのが正しい答えとなるのです。

しかし、です。数日後、はじめに見かけたその子が、お母

さんから、「お兄ちゃん」と呼ばれているのを目撃したとしましょう。つまり、年齢の上の子供が男であることが判明したとします。その途端に、「もう１人が男の確率」は変化してしまうのです。

なぜなら、第１子が「男」ということは、

Ａ：(男，男)、Ｂ：(男，女)、Ｃ：(女，男)、Ｄ：(女，女)

の中で、ＡかＢが起きていることが確実になったからです。Ａ、Ｂに限れば、「もう１人が男の確率」は、$\frac{1}{2}$となってしまうのです。

ちょっとした条件で、確率の値は微妙に変化するのです。

これから１年以内に首都直下型地震が起きる確率、といっても、ほんの少し、基礎となったデータの取り方を変えたり、計算方法を変えたりすれば、確率の値も大きく変化してしまうのです。

あまり当てにしないほうがいいのです。

2.8「予測の確率」？

確率の値は、極めて多数回の試行の結果がなくては現実的な意味は持たないのですが、世の中で使われる場合には、過去のデータなどなくても、勝手に「予測の確率」として使われることも多いのです。

予測の値としての確率も、それが合理的な値かどうかが確定するのは、多数回の試行が行われた後なのですが、そんなことはお構いなしに予測の値としての確率が発表されるので注意が必要なのです。

たとえそれが合理的な値であったとしても、多数回の試行がなければ実証はできないのです。合理的であっても、極めて多数回の試行で、相対頻度がその値に近くなっていくことは確かでも、10回や100回という少ない回数では確率の値からかなりずれることはいくらでもありうるのです。

「マグニチュード（M）7級の首都直下地震が今後4年以内に約70%の確率で発生するという試算を、東京大学地震研究所の研究チームがまとめた」（読売新聞2012年1月23日）等の報道が広まったために、世間が一時大騒ぎになったことがありますが、「予測の確率の値」は、「ほとんど意味がない」「行動の判断材料とするべきではない」と考えるべきなのです。もちろん、大地震への備えはやりすぎることはありませんが。

確率が高いと発表されたから準備するのではないのです。地震国日本では、いつでもどこでも大地震は起こりうるのですから。地震に関係した確率の話題については、拙著『「地震予知」にだまされるな！——地震発生確率の怪』（明石書店）を参照してみてください。

2.9「場合の数」と確率

サイコロを投げたとき、⚀の目が出る確率が$\frac{1}{6}$なのは、目の数が6通りあるからだ、と考える人がいるかもしれません。

この考えは、結果的には正しいのですが、実は、論理は間違っているのです。

サイコロ投げを極めて多数回行ったとき、実験結果として、目の出る相対頻度が、どの目も0.166…に近くなっていく、という客観的事実があります。

この事実から、どの目の出る確率も等しい、と結論できるのです。どの目の出る確率も等しければ、全確率は1なので、1を6等分して、どの目が出る確率も$\frac{1}{6}$と結論できるのです。

立方体のサイコロの、それぞれの目が上を向く確率が$\frac{1}{6}$であることを「証明した」という人が時々現れます。物理的な要素である、最初の投げる位置、投げる方向、投げる力、空気の動き、抵抗、机の固さ、材質、あらゆる要素を設定して、物理的な計算をして、「確率$\frac{1}{6}$」を導き出すなど、不可能なことです。これら諸条件のいくつかだけを仮定して「証明できた」とする学者がたまに現れますが、必ずどこかおかしいのです。その結果は多数回投げたときの実験結果とも一致しません。

普通のサイコロは、立方体であることを前提にしていますが、縦、横、高さが僅かに異なるサイコロを作って実験すると、それぞれの目が出る確率は$\frac{1}{6}$とは異なってくるのです。見た目には立方体に見えるサイコロでも、$\frac{1}{6}$ではないのです。

「6通りあるから$\frac{1}{6}$である」という判断は、間違っていることになります。

実は、縦、横、高さ、の比を指定して、それぞれの目が出る確率を求める公式は、今のところ存在しないのです。いろいろな比のときの実験結果は求められていますが、理論的な数式は求められていません。イギリスのオックスフォード大学のグループが取り組んでいる研究ですが、いまだ成功していません。

これは無理からぬことで、サイコロを投げてどの目が出るかは、持ち方の多様性、投げる高さ、投げる力、投げる向き、空気の状態（風の有無）、机の状態、あらゆる複雑な要因と、複雑な時間的経過を経て、1つの目が結果として定まるからです。これらの全ての要因を数式で表現して結果を理論的に定めるのは不可能です。意味のある生産的な研究とも思えません。

縦、横、高さ、の比がいろいろな値をとる直方体をたくさん作って、高等学校などで実験できるようにしている研究者に、神奈川大学の何森（いずもり）仁先生がいます。興味のある方は問合わせてみるといいでしょう。

2.10 確率の基本を並べた確率の公理の真意

「確率は、次の公理を満たす」として、公理を明確にしたのは、ソ連の数学者であった、アンドレイ・コルモゴロフ（1903年〜1987年）です。彼の確率論は1933年ドイツ語で、『確率論の基礎概念』（*Grundbegriffe der Wahrscheinlichkeitsrechnung*）としてシュプリンガー社から出版されました。40年後に彼自身の手によって第2版がロシア語で出版されていますが、初版と基本的な変化はありません。

彼に始まる「公理的確率論」は、難しい前提などが必要なわけではなく、比較的簡単なのですが、この章の最後の「コラム」に簡単に紹介しておきましょう。

この公理系には、偶然現象という概念とか、多数回の試行とか、相対頻度の安定性とかの概念は、全く含まれていません。単に、「確率と言うからには最低限このくらいの性質が成り立っているだろう」という基本性質だけを並べたものです。

コルモゴロフ自身は、確率の値を現実の問題と結びつけるには、「相対頻度の安定していく値」として扱うべきことを、この公理の直後に述べているのです。

コルモゴロフは1つの節を設けてわざわざ「経験的事実との関連」を述べ「公理系の経験的演繹」を分析しているのです。なお、「$\mathfrak{S}$」は、アルファベットの「S」のドイツ式の飾り文字です。

> 状態 $\mathfrak{S}$ が非常に多くの回数、n 回繰り返され、その結果、事象 A が起こった回数が m 回であるとき、m と n との比 $\frac{m}{n}$ がほとんど $\mathrm{P}(A)$ に等しいということを、実際、確かめることができる。$\mathrm{P}(A)$ が非常に小さいとき、状態 $\mathfrak{S}$ の一回だけの実現に対して、事象 A が起こらないということを、実際、確かめることができる。
>
> (訳は、コルモゴロフ『確率論の基礎概念(第2版)』根本伸司訳、東京図書、1975年による)

コルモゴロフが提起した確率論の理論は、その後、数学としての確率論には不可欠なものとなり、理論を発展させています。

理論とは、現実の現象を、公理系から導き出すことであり、相対頻度の安定性なども、表現されるようになるのです。

そのためには、はじめの公理だけでなく、条件付確率、独立性、確率変数、期待値、等々の概念を定義して導入していかなければならないのですが。

理論の優れたところは、現実の現象を、少ない原理から説明して、相互の構造を明らかにしたり、現実の現象からは気が付きにくいことを予測したり、未来の事柄の推測に役立てたりできる点です。

よくある俗流出版物では、
「コルモゴロフの公理的確率は、数学的確率と統計的確率の両方を含む画期的な確率の定義である。これによって両者が統一された」
といったことが書かれていますが、これは間違った記述です。コルモゴロフの公理的確率には、確率の意味は含まれていないのです。
「数学的確率」という用語は、「等確率」の場合に、事象の確率が事象の構成比率、割合で決まることを言っているのですが、公理的な確率では、どういう場合に等確率になるかなどはわからないのです。

コルモゴロフの確率の公理を引き合いに出したからといって、数学的確率と統計的確率の用語の使い方を正当化できるものではないのです。

コルモゴロフの確率の公理は、現実に存在する偶然現象の中に存在する相対頻度の安定していく値としての確率が、当然のこととして満たしている基本的な性質をまとめて表現したものです。抽象的な性質としてまとめたに過ぎません。

しかし、この公理を出発点として現実の偶然現象のたくさんの法則が見事に表現されていくのです。理論の発展が現実の偶然現象の分析に役に立っていくのです。

＞2.10.1 確率の基本は確率分布

確率の公理から始めて、まずはっきりさせたいのが、「確率分布」の考えです。

確率が考えられる一番小さい事象を、基本事象といいます。基本事象に確率が定まる様子を全体として表したものを、「確率分布」というのです。

例えば、硬貨を投げて、表と裏を基本事象と考え、それらの確率を $\frac{1}{2}$ とするとき、基本事象に確率を対応させる表2.3が、確率分布です。

表 2.3: 硬貨投げの確率分布

基本事象	表	裏
確率	$\frac{1}{2}$	$\frac{1}{2}$

サイコロ投げの確率分布は表2.4のようになります。

表 2.4: サイコロ投げの確率分布

基本事象	⚀	⚁	⚂	⚃	⚄	⚅
確率	$\frac{1}{6}$	$\frac{1}{6}$	$\frac{1}{6}$	$\frac{1}{6}$	$\frac{1}{6}$	$\frac{1}{6}$

＞2.10.2 この世は確率変数でできている

公理から始まる理論的な確率論で、基本事項の次に導入されるのが、「確率変数」の概念です。

「数」は、「量」の大きさの側面のみを表した概念で、現実に表れるのは「量」だけです。つまり、「確率変数」の前に、「確率変量」があるのです。

「確率変量」は、確率を考える「基本事象」のそれぞれに、量をあてはめる法則・関数のことです。

硬貨投げの例でいえば、「表」という基本事象に、「10円」を当てはめ、「裏」という基本事象に、「20円」という量を対応させるなどです。

この関数を、$X(\omega)$ と表すと、$X(\text{表}) = 10$ 円、$X(\text{裏}) = 20$ 円となるわけです。

対応させるものが量でなくて数だけならば、次のようになる関数 $X(\omega)$ が確率変数です。

$$X(\text{表}) = 10、\quad X(\text{裏}) = 20$$

＞2.10.3 確率変数が作る確率分布

確率変数があると、基本事象からできている確率分布から、実数上の確率分布が表2.5のように導かれます。

表 2.5: 確率変数 $X(\omega)$ が作った実数上の確率分布

確率変数の値	10	20
確率	$\frac{1}{2}$	$\frac{1}{2}$

サイコロ投げの例で、次のような確率変数 $Y(\omega)$ もありえます。

$$Y(⚀) = 100、Y(⚁) = 200、Y(⚂) = 300、$$
$$Y(⚃) = 400、Y(⚄) = 500、Y(⚅) = 600$$

確率変数 $Y(\omega)$ が作る確率分布は表2.6のようになります。

表 2.6: 確率変数 $Y(\omega)$ が作った実数上の確率分布

確率変数の値	100	200	300	400	500	600
確率	$\frac{1}{6}$	$\frac{1}{6}$	$\frac{1}{6}$	$\frac{1}{6}$	$\frac{1}{6}$	$\frac{1}{6}$

以上の2例は等確率の場合ですが、等確率以外の例としては、宝くじがわかりやすいでしょう。

基本事象に対する確率を表す確率分布は表2.7のようであるとします。

表 2.7: 宝くじの確率分布

基本事象	一等賞	二等賞	三等賞	四等賞	五等賞
確率	0.02	0.08	0.2	0.3	0.4

基本事象に、賞金を対応させる確率変数 $X(\omega)$ が次のように定まっているとします。

Y(一等賞) = 100000、Y(二等賞) = 10000、Y(三等賞) = 3000、Y(四等賞) = 1000、Y(五等賞) = 200

このような確率変数が作る実数上の確率分布は表 2.8 のようになります。

表 2.8: 宝くじの賞金の確率分布

賞金	200	1000	3000	10000	100000
確率	0.4	0.3	0.2	0.08	0.02

2.10.4 確率変数の平均値・期待値

年末の商店街等では、買い物した金額に応じて福引き券が配られ、くじを引いていろいろな商品が当たる「福引き」が楽しめることがあります。ときには、「現金のつかみどり」で賞金を獲得できることもあるのです。

ここでは、計算に便利なように、福引きで当たるのは賞金だとしましょう。

商店街 A で買い物するか、B で買い物するかの判断を迫られるときの指針の 1 つが、福引きで当たる賞金の平均値です。

確率変数の値は数なので、加減乗除の計算が可能です。「表」と「裏」は平均できませんが、10 円と 20 円の平均は計算できるのです。

硬貨を投げるごとに、確率変数の値を記述していくと、例えば次のようになります。50回分の結果です。

10, 10, 10, 10, 20, 20, 20, 10, 20, 20, 20, 10,
20, 10, 20, 10, 10, 10, 20, 10, 10, 20, 20, 20,
20, 10, 20, 20, 10, 10, 20, 10, 10, 10, 10, 20,
20, 10, 10, 10, 10, 20, 10, 10, 20, 20, 10, 20,
20, 20

この50回分の平均値を計算してみましょう。

$$\text{平均値}\ m = \frac{10+10+10+10+20+20+\cdots+20+20}{50}$$

$$= \frac{10\times 26+20\times 24}{50} = \frac{740}{50} = 14.8$$

この計算を、10と20が出た相対頻度を使って表すと次のようになります。

$$m = 10\times\frac{26}{50} + 20\times\frac{24}{50}$$

$\frac{26}{50}$と、$\frac{24}{50}$は、表の出た相対頻度と、裏の出た相対頻度に他なりません。

投げる回数が増えていけば、相対頻度は確率の値に転化していくので、確率変数$X(x)$の平均値は次の値にまとまっていきます。

$$m = 10\times \mathrm{P}(X=10) + 20\times \mathrm{P}(X=20)$$

$$= 10\times\frac{1}{2} + 20\times\frac{1}{2} = 15$$

この値を、「確率変数の平均値」、あるいは「確率変数の期待値」といい、$E(X)$で表すのです。Eは、英語のExpectationから由来しています。

「平均値」と「期待値」は同じものであり計算方法も同じですが、考え方が少し異なります。

「平均値」は、多数回の試行の結果の確率変数の実現した値の文字通り平均値（足して試行の数で割った値）ですが、「期待値」は、1回だけの試行を考え、確率変数の値がいくらになるかと期待する数値です。

とはいえ、「1回の試行で期待できる値」といっても、やはり多数回の値の平均値を使わざるを得ないのですが。

この定義を、表2.9に挙げるような確率変数Xの確率分布を使って表すと次の式のようになります。

$$m=E(X)=x_1p_1+x_2p_2+x_3p_3+\cdots+x_np_n$$

表2.9: 確率変数Xの確率分布

Xの取る値	x_1	x_2	x_3	$\cdots$	x_n
確率	p_1	p_2	p_3	$\cdots$	p_n

くじの種類がX, Yの2つあるような場合、1人が両方のくじを引き、両方の賞金の合計が考えられるような場合があります。このとき、2つの確率変数X, Yの和である新しい確率変数Zが生じます。

$$Z=X+Y$$

Xの分布(x_i, p_i)とYの分布(y_j, q_j)があるとします。

和Zの分布は、Zの値zに対して、その確率は、$x_i+y_j=z$となる確率$p_i\times q_j$をすべて加えた値です。

Zの期待値は次のように計算できます。

$$
\begin{aligned}
E(Z) &= \sum_{i=1,j=1}^{n} (x_i + y_j) p_i q_j \\
&= \sum_{i=1,j=1}^{n} (x_i p_i q_j + y_j p_i q_j) \\
&= \sum_{j=1}^{n} \left(\sum_{i=1}^{n} (x_i p_i) \right) q_j + \sum_{i=1}^{n} \left(\sum_{j=1}^{n} (y_j q_j) \right) p_i \\
&= E(X) \sum_{j=1}^{n} q_j + E(Y) \sum_{i=1}^{n} p_i \\
&= E(X) + E(Y)
\end{aligned}
$$

確率変数の性質として、次の線形性が成り立ちます。

$$
E(X+Y) = E(X) + E(Y)
$$
$$
E(cX) = cE(X)
$$

どちらの商店街で買い物するかは、賞金の平均値・期待値が大きい方にするのが有利なことは間違いありません。

＞2.10.5 判断の基準となる確率変数の分散・標準偏差

2つの商店街A, Bの年末の福引きが、それぞれ表2.10、表2.11のようになっていたとしましょう。

確率変数Aの平均値は次のように求められます。

$$
\begin{aligned}
&0 \times 0.03 + 100 \times 0.05 + 200 \times 0.09 + 300 \times 0.13 \\
&\quad + 400 \times 0.15 + 500 \times 0.1 + 600 \times 0.15 + 700 \times 0.13 \\
&\quad + 800 \times 0.09 + 900 \times 0.05 + 1000 \times 0.03 = 500
\end{aligned}
$$

確率変数Bの平均値は次のように求められます。

表 2.10: 商店街 A の賞金の確率分布

Xの取る値	0	100	200	300	400	500	600	700	800	900	1000
確率	0.03	0.05	0.09	0.13	0.15	0.1	0.15	0.13	0.09	0.05	0.03

表 2.11: 商店街 B の賞金の確率分布

Xの取る値	400	500	600
確率	0.25	0.5	0.25

$$400 \times 0.25 + 500 \times 0.5 + 600 \times 0.25 = 500$$

2つの商店街の賞金の平均値は差がないことがわかりました。それではどちらを選んだらよいでしょうか？

2つの確率変数の平均値は同じですが、かなり異なっているようでもあります。

違いを見るにはグラフに表してみるのがよいでしょう（図2.17）。「商店街 A の賞金は幅広い値に広がっている」のに対して、「商店街 B の賞金は狭い範囲に集中している」ことがわかります。

両方の商店街の福引きの平均値・期待値は同じです。しかし、「あなたはどちらの商店街の福引きがいいですか？」と聞くと、A の方がいいという人と、B の方がいいという人に分かれるのが普通です。

A を選んだ人に理由を聞くと、「平均的な 500 円ももらえないことも半分近くあるが、1000 円も当たることがあるから」という人が多いでしょう。

B を選んだ人に聞くと、「確実に 500 円か 600 円、悪くても 400 円がもらえるから。A だと、100 円や 200 円ということもありうるし」という人が多いのです。

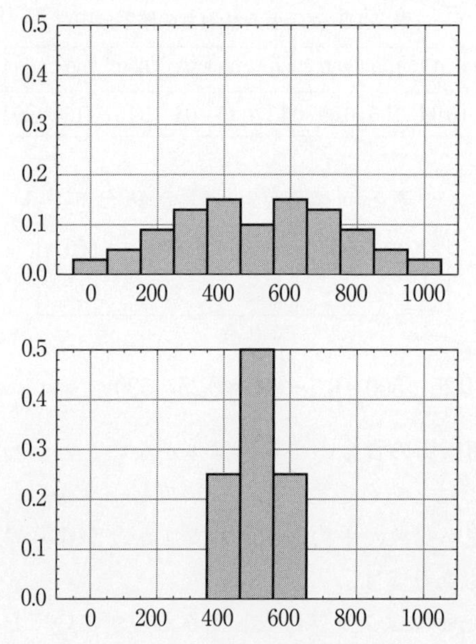

図 2.17: 商店街 A（上）と B（下）の賞金の分布の違い

どちらを選ぶかはその人の考え方次第です。その人の懐具合にも大きく関係するでしょう。

確率変数の値の広がりの程度を表す数値としては、いろいろな方法が考えられて使われています。

代表的なものが、分散と標準偏差です。

分散は、「平均値からの差の2乗が平均的にどのような値になるか」です。確率変数の各値が平均値からどのくらい離れているか、2乗した値の分布を求めます。結果は表 2.12 の通りです。

$(A-500)^2$ の平均値ですから、それぞれの値に確率の値を掛けてから加えて、次のようになります。

表 2.12: 商店街 A の確率変数$(A-500)^2$の確率分布

$(A-500)^2$の取る値	$(0-500)^2$	$(100-500)^2$	$(200-500)^2$	$(300-500)^2$
確率	0.03	0.05	0.09	0.13
$(A-500)^2$の取る値	$(400-500)^2$	$(500-500)^2$	$(600-500)^2$	$(700-500)^2$
確率	0.15	0.1	0.15	0.13
$(A-500)^2$の取る値	$(800-500)^2$	$(900-500)^2$	$(1000-500)^2$	
確率	0.09	0.05	0.03	

$$
\begin{aligned}
&(0-500)^2\times0.03+(100-500)^2\times0.05+(200-500)^2\times0.09\\
&\quad+(300-500)^2\times0.13+(400-500)^2\times0.15+(500-500)^2\\
&\quad\times0.1+(600-500)^2\times0.15+(700-500)^2\times0.13\\
&\quad+(800-500)^2\times0.09+(900-500)^2\times0.05\\
&\quad+(1000-500)^2\times0.03=60600
\end{aligned}
$$

この値を、「確率変数Aの分散」というのです。

「確率変数Bの分散」も同様に、表2.13から計算できます。

表 2.13: 商店街 B の確率変数$(B-500)^2$の確率分布

$(B-500)^2$の取る値	$(400-500)^2$	$(500-500)^2$	$(600-500)^2$
確率	0.25	0.5	0.25

$$
\begin{aligned}
&B\text{の分散}\\
&\quad=(400-500)^2\times0.25+(500-500)^2\times0.5+(600-500)^2\\
&\quad\times0.25=5000
\end{aligned}
$$

分散の値は確率変数と平均との差を2乗した平均値なので、値がかなり大きくなってしまいます。そこで、分散の平方根を取って、標準偏差というのです。

$$\text{標準偏差} = \sqrt{\text{分散}}$$
$$A \text{の標準偏差} = \sqrt{60600} = 246.2$$
$$B \text{の標準偏差} = \sqrt{5000} = 70.7$$

いずれも、小数第2位を四捨五入した値ですが。

これで、2つの商店街の賞金の散らばり具合を数値として表しました。この上で、どちらの商店街を選ぶかはあなた次第です。「確率は小さくても大きな金額を得たい」という考えの人と、「着実に賞金を一定程度確保したい」という人と、どちらの選択をするかは自由です。

でも、行動の指針に、平均値の他にも、分散や標準偏差が役に立つのではないでしょうか？

2.11 相対頻度の安定性を示す大数の法則

2.11.1 何人かの試行でわかる大数の弱法則

確率は、多数回の試行の結果、「相対頻度の安定性」があれば考えられることを、これまで繰り返し述べてきました。

実は、このような偶然現象の客観的に存在する事実を、公理から出発した理論である確率論が表現してそれを証明することもできるのです。

確率の大前提になった、「相対頻度の安定性」を、理論から表現したのが、「大数の法則」なのです。この定理は理論の枠組みで証明することができるのです。

このことを少しだけ紹介しておきましょう。

硬貨を何回か投げて、「表が出た相対頻度」は、次のように表現できます。

k 回目の試行で、表が出たら 1 を、裏が出たら 0 を対応させる確率変数を、X_k で表すと、次の確率変数 S_n は、n 回までに「表が出た回数」を表しています。

$$S_n = X_1 + X_2 + \cdots + X_n$$

このとき、「表が出た相対頻度」は、$\frac{S_n}{n}$ で表せます。

何人かが同じ実験をしている場合、大多数の人の実験結果は、相対頻度が 0.5 に極めて近いわけです。

このことを表現するのは、ちょっとだけ面倒なので、この章の最後のコラムに載せておきます。

＞2.11.2 1 人で試行の回数を増やすときの大数の強法則

弱法則に対して、強法則というのは、「硬貨を投げるとき、1 人の人が投げる回数を増やしていくと、表の出る相対頻度が次第に 0.5 に近くなっていく」という客観的事実を公理系から始まる理論で表現したものです。

現実の事実として確認するには、相当数投げないと、確認が容易ではありません。

表が出る相対頻度が 0.5 に近くなってきたと喜んで（？）いたところ、再び 0.5 から遠ざかっていく、という現象がよく見られるからです。

第2章コラム (1)確率の公理

章末のコラムでは、少し数学の専門的な話題にも触れていきます。わからなければ、読み飛ばしてもかまいません。

確率を考える事象の全体の集合をΩと表し、その要素をωとします。ここで、すべての部分集合に確率を考えるのでなく、確率を考えられる部分集合を集めて、集合族と言い、$\mathcal{F}$と表します。

このとき、ωを**根元事象**といい、$\mathcal{F}$の要素を**確率事象**（または単に**事象**）、Ωを**標本空間**といいます。

$\mathcal{F}$が集合体というのは、その中の2つの集合の和、積（共通部分）、差、がまた$\mathcal{F}$に入っていることです。

確率の公理は次の性質を満たすとします。

Ⅰ．$\mathcal{F}$は集合体である。

Ⅱ．$\mathcal{F}$の各集合Aに、非負の実数$\mathrm{P}(A)$が定められている。この数$\mathrm{P}(A)$を事象Aの確率という。

Ⅲ．$\mathrm{P}(\Omega)=1$である。

Ⅳ．AとBとが共通の要素をもたないとき

$$\mathrm{P}(A+B)=\mathrm{P}(A)+\mathrm{P}(B)$$

が成り立つ。

公理Ⅰ.からⅣ.までを満たす$(\Omega, \mathcal{F}, \mathrm{P})$を総称して、**確率空間**といいます。

無限の場合も扱うときは次の公理も追加しておきます。

Ⅴ．$\mathcal{F}$の減少事象列

$$A_1 \supseteq A_2 \supseteq A_3 \supseteq \cdots \supseteq A_n \supseteq \cdots$$

において

$$\bigcap_n A_n = \phi$$

ならば、次の等式が成り立つ。

$$\lim_{n \to \infty} \mathrm{P}(A_n) = 0$$

第２章コラム （2）大数の法則

「いくらでも小さな数εを設定しても、相対頻度が、0.5プラスマイナスεの幅に収まる人、つまり、

$$\left|\frac{S_n}{n}-0.5\right|<\varepsilon$$

が成り立つ人の割合は、nを大きくしさえすれば、いくらでも1に近くできる（1に近い数δより大きくできる）ということ」

$$P\left(\left|\frac{S_n}{n}-0.5\right|<\varepsilon\right)>\delta$$

この式は、極限の記号を使って、次のように表してもよいのです。

$$\lim_{n\to\infty}P\left(\left|\frac{S_n}{n}-0.5\right|<\varepsilon\right)=1$$

これを、硬貨の場合の、「大数の弱法則」というのです。理論的に導かれた法則です。

硬貨でなくても、一般に、1回の試行で事象Aが起きる確率をpとするとき、X_kと、S_nの定義は同じです。この場合にも次の式が成り立ちます。

$$\lim_{n\to\infty}P\left(\left|\frac{S_n}{n}-p\right|<\varepsilon\right)=1$$

これを、「ベルヌーイの大数の法則」といいます。

さらに一般に、次のような大数の弱法則が成り立つのです。

$X_1, X_2, \cdots, X_n$ を、平均値が同じ m の独立な確率変数列とします。

$$S_n = X_1 + X_2 + \cdots + X_n$$

とします。

このとき、任意の正の数 ε に対して、次の式が成り立つのです。

$$\lim_{n \to \infty} P\left(\left|\frac{S_n}{n} - m\right| < \varepsilon\right) = 1$$

証明は難しくはないのですが、ここでは省略しておきます。

大数の強法則を理論的な枠組みで表現すると次のようになります。

$$P\left(\varepsilon\text{に対し、}N\text{があり、}n>N\text{のとき}\left|\frac{S_n}{n} - p\right| < \varepsilon\right) = 1$$

極限を用いて次のように表しても同じですが。

$$P\left(\lim_{n \to \infty} \frac{S_n}{n} = p\right) = 1$$

一般に、大数の強法則は次のような条件で成立します。

$X_1, X_2, \cdots, X_n$ を、平均値が同じ m の独立な確率変数列とします。分散については、$V(X_k) \leqq v$ が成り立つとするのです。

$$S_n = X_1 + X_2 + \cdots + X_n$$

として、このとき、次の式が成り立つのです。

$$P\left(\lim_{n \to \infty} \frac{S_n}{n} = m\right) = 1$$

証明は弱法則より面倒です。確率論の専門書にゆずり、ここでは省略しておきます。

第3章

硬貨とサイコロの確率

3.1「サイコロを6回振れば、⚀の目が必ず出る」!?

高校生や、大学生でも、「サイコロを6回振れば、⚀の目が必ず1回出る」と、思い込んでいる場合があります。理由はいろいろですが。

(1) どの目も同様に確からしく、平等なのだから、6回中1回出るのは当たり前だろう。どの目も1回ずつ出るのだ。

(2) 学校の授業で、サイコロを1回振って、⚀の目の出る確率は$\frac{1}{6}$だと勉強した。1回振って$\frac{1}{6}$ということは、6回振れば$\frac{1}{6}+\frac{1}{6}+\frac{1}{6}+\frac{1}{6}+\frac{1}{6}+\frac{1}{6}=1$（100%）なのだから、当然である。

どちらの理屈を並べる人にも共通しているのは、「サイコロを使ったゲームをしたことがない」か、「サイコロを投げてどの目が出るか観察したことがない」、要するにサイコロを投げる経験をしていないのです。

もう1つは、学校の授業で学んだことを、きちんと理解せずに、学んだことを自分なりに理屈を作って頭に入れてしまっているのです。「実際はそうではないかもしれないが、計算上はそうなるのだ」と、思い込んでしまっているのかもしれません。現実に起こっていることを信じないで、誤解している理論を信じる人ともいえましょう。

＞3.1.1 サイコロを実際に投げてみる

「サイコロを6回振れば⚀の目が必ず1回出る」などという

ことがありえないのは、実際にサイコロを6回投げてみればすぐに確認できるのです。サイコロを6回投げる実験を10人が行った結果を図3.1に紹介しておきましょう。

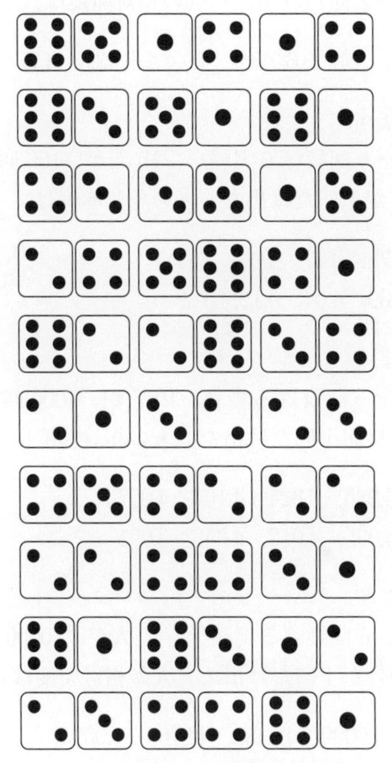

図3.1: サイコロを6回投げる実験を10人が行った結果

この実験結果を見れば、サイコロを6回投げて、「⚀の目が1回だけ出た」という場合は、10人中5人しかいません。この実験を1試行と考え、これを10人が100回繰り返した結果では、402回であったり、415回であったりします。割合でいうと、1試行あたり$\frac{402}{100}=4.02$、$\frac{415}{100}=4.15$となるのです。

サイコロを6回投げる実験を、10人が、10回行ったときの「⚀の目が1回だけ出た」人の相対頻度は、

4.3，3.9，3.4，3.6，3.9，4.9，4.6，3.6，4.7，3.3

などとなります。

サイコロを6回投げる実験を、10人が、100回行ったときの、「⚀の目が1回だけ出た」人の相対頻度は、

3.80，3.78，3.87，4.05，4.34，
3.99，3.89，4.04，4.12，3.59

などとなります。

サイコロを6回投げる場合、10人が、1000回実験したときの、「⚀の目が1回だけ出た」人の相対頻度は、

4.003，4.086，3.924，4.104，4.007，
4.040，4.035，4.012，4.059，3.995

などとなります。

サイコロを6回投げる実験を、10人が、10000回行ったときの、「⚀の目が1回だけ出た」人の相対頻度は、

4.0370，4.0099，4.0488，4.0108，4.0014，
3.9978，4.0440，4.0050，4.0142，3.9993

などとなります。

これらの実験結果から、サイコロを6回投げるとき、⚀の目がちょうど1回現れるのは、10人中でほぼ4人しかいないことがわかります。

実験ではなく、きちんと計算して比較したい人のために計算方法を紹介しておきましょう。

6回中、

(⚀の目，⚀以外の目，⚀以外の目，⚀以外の目，⚀以外の目，⚀以外の目)

となる確率は、

$$\frac{1}{6}\times\frac{5}{6}\times\frac{5}{6}\times\frac{5}{6}\times\frac{5}{6}\times\frac{5}{6}=\frac{5^5}{6^6}$$

となります。

同じように、「2回目に⚀の目が出て、他は⚀以外」も同じ確率$\frac{5^5}{6^6}$です。同じように、「3回目に⚀の目が出て、他は⚀以外」も同じ確率$\frac{5^5}{6^6}$です。同じように、「4回目に⚀の目が出て、他は⚀以外」も同じ確率$\frac{5^5}{6^6}$です。同じように、「5回目に⚀の目が出て、他は⚀以外」も同じ確率$\frac{5^5}{6^6}$です。同じように、「6回目に⚀の目が出て、他は⚀以外」も同じ確率$\frac{5^5}{6^6}$です。したがって、「6回投げて、1回だけ⚀の目が出る」という確率は、これらを加えて、

$$6\times\frac{5^5}{6^6}$$

となります。

これから、10人が、「サイコロを6回投げて、⚀の目が1回だけ」の人数は次のようになります。

$$10\times6\times\frac{(5^5)}{(6^6)}=\frac{15625}{3888}=4.01878$$

「サイコロを6回投げてみたとき、⚀の目が1回だけ、というのは、10人がやってみて、ほぼ4人にしか起きない」ということは、実験結果からも、計算上からもわかることです。実験結果と計算結果は一致していなければ意味がありませんが、この場合は見事に一致するのです。

最初に紹介した理屈の1つである、「サイコロは、1回振って⚀の目が出る確率は$\frac{1}{6}$なのだから、6回振れば$\frac{1}{6}+\frac{1}{6}+\frac{1}{6}+\frac{1}{6}+\frac{1}{6}+\frac{1}{6}=1$（100%）となり、必ず1回出る」という理屈は、実際の実験結果と合わないので、間違いであることがわかります。

「1回目に⚀の目が出て、あとは⚀以外の目が出る」というような、「継続した事柄の確率は、掛け算であり、足し算では求められない」のです。

＞3.1.2「学者」でも陥る確率計算の誤り

同じような間違いは、学者と呼ばれる人でも時々おかします。2011年5月10日のツイッターで、竹中平蔵氏（慶應義塾大学教授、元国務大臣）は、次のように述べています。

> 30年で大地震の確率は87%・・浜岡停止の最大の理由だ。確率計算のプロセスは不明だが、あえて単純計算すると、この1年で起こる確率は2.9%、この一カ月の確率は0.2%だ。原発停止の様々な社会経済的コストを試算するために1カ月かけても、その間に地震が起こる確率は極めて低いはずだ。

ここでは、「1年間に東海大地震が起きる確率が2.9%だから、30年間で起きる確率は30倍して、2.9%×30＝87%」としているのです。1ヵ月では「$\frac{2.9\%}{12}=0.24\%$」としているのです。継続して起きる事象の確率を、和で計算しているのですが、これは誤りです。

30年間で地震が起きる確率が87%であるとき、1ヵ月に起きる確率を求める正しい計算は、次のようにします。

1ヵ月で起きる確率をpとすると、30年間、つまり360ヵ月地震が一度も起きない確率は次のようになります。

$$(1-p)^{(12\times 30)}=(1-p)^{(360)}$$

30年間に少なくとも1回起きる確率は次の式で表せます。

$$1-(1-p)^{(360)}=0.87$$

この式を満たすpは次のように求められます。

$$(1-p)^{(360)}=1-0.87=0.13$$

ここで、左右の式で、共に、対数をとるのです（対数を学習していない人は、ちょっと無理かもしれませんが)。

$$360\times\log_{10}(1-p)=\log_{10}0.13=-0.886057$$

$$\log_{10}(1-p)=\frac{(-0.886057)}{360}=-0.00246127$$

$$1-p=10^{(-0.00246127)}=0.994349$$

$$p=1-0.994349=0.005651$$

なお、対数は使わずに、*Mathematica* 等の数学ソフトで、直接$1-(1-p)^{360}=0.87$を求めることもできます（付録参照)。

いずれにしても、結果は、約0.565%となるのです。竹中氏の間違った計算結果0.2%とはかなり異なる数値です。

大体、竹中氏のような「確率の和」の計算をすれば、30

年を超すと、確率の値が1（100％）を超えてしまうことからも、誤りに気がつくべきなのです。確率の値が1（100％）を超えることはあり得ないのですから。

ちなみに、「30年以内に少なくとも1回地震が起きる確率が87％のとき、1年以内に起きる確率」も、上記と同様の考え方で求められます。1年で起きる確率をqと置くと、30年間に少なくとも1回起きる確率は$1-(1-q)^{30}=0.87$ということです。これを解くと、qは約6.6％と求められます。

もし、30年以内に起きる確率を少し変えて、87％ではなく90％としてみたらどうなるでしょうか？　この場合は、$1-(1-q)^{30}=0.9$を解いて、qは約7.4％となります。「30年以内に87％」と「30年以内に90％」ではほとんど変わらない印象を受けるのに、同じことを1年以内に起きる確率に直すと、少し違って見えるのが面白いところです。

3.2「サイコロ投げを120回続けても、⚄の目が出ない」?!

これは、筆者が信頼する友人の先生の話です。嘘のようなホントの話です。

彼は、ある高等学校で確率の授業の一環として、「何回かのサイコロ投げ」の実験をしていました。実験中、ある生徒が、「このサイコロはおかしいぞ、⚄が全然出てこないぞ」と大きな声をあげました。20回投げても、50回投げても⚄の目が出てこないことに気がついたのです。

周りにいた生徒は、「そんなバカなことがあるわけないだろう」と、彼の周りに集まってきました。友達が注目する中、80回、90回とやっても出てきません。ついに100回を超えてしまったのです。

120 回でも出てこなかったのですが、121 回目にようやく⚄が出たのでした。こんなことが起こりうるのでしょうか？

「120 回、⚄が出ない確率」を計算してみましょう。1 回投げて⚄が出ない確率は、⚄以外が出る確率ですから、$\frac{5}{6}$ です。これが 120 回続く確率は、120 乗して求めます。

$$\left(\frac{5}{6}\right)^{120} \fallingdotseq 3.15\times10^{-10}$$

となります。つまり、$10^{10}=10000000000$ 回やれば、3 回ぐらい起こりうる確率なのです。100 億回に 3 回ぐらい起きることがあるというわけです。

つまり、日本人 1 億人が、サイコロを続けて 120 回投げる実験を、100 回ぐらい繰り返せば、だれか 3 人ぐらいはこういう経験をすることになるのです。普通では絶対に起こり得ないような珍しいことが、友人の授業の中で実際に起きたのです。

こんな、めったにない偶然が実際に起きるというのも、やはり「世の中の真実」です。

いくら確率が小さくても、普通では起きないことが起きることはありうるのです。

このような経験の教訓としては、原子力発電所が地震や津波で破損して、甚大な放射能による事故が起きるなどというのは、サイコロ投げで⚄の目が 120 回も出ない確率よりはるかに大きいのです。これまでの原発事故の歴史を振り返れば明らかなことです。福島の原発事故のような事故が再び起きることは、十分ありうるのです。

原発事故の確率については、拙著『デタラメにひそむ確率法則』(岩波書店)に、もう少し詳しく書いてあるので参照してください。

原発再稼働などせず、代替エネルギーの開発に力を注ぐべきなのは、確率論的には当然のことなのです。政治家よ、地震国に住む日本人よ、確率を勉強して、もっと利口になりましょう!!

確率を学んで、世の中の真実を見抜けるようになりましょう。

3.3 0と1をデタラメに書くのは難しい?!

デタラメにというのがいかに難しいかは、

「硬貨を投げて表と裏がデタラメに出るように、数字の0と1をデタラメに100個書いてください」

と言われて、実際に書いてみるとわかることです。

硬貨をデタラメに投げたときとは、いろいろな点で違ってしまうのです。0と1が続いて出る割合が、実際よりも少ないのです。

実際に硬貨を投げたときの一例は次のようになります。硬貨の表裏に0, 1を対応させています。

0, 1, 1, 0, 0, 1, 1, 0, 0, 0, 1, 1, 1, 0, 1, 0, 0, 1, 0, 0, 1, 1, 0, 0, 1,
1, 1, 1, 0, 1, 1, 1, 1, 1, 0, 1, 0, 0, 1, 0, 0, 0, 1, 0, 1, 1, 0, 1, 0, 1,
0, 1, 1, 1, 1, 1, 1, 1, 1, 1, 0, 1, 1, 1, 0, 0, 1, 1, 0, 0, 1, 1, 1, 0,
0, 0, 1, 1, 0, 1, 1, 0, 1, 0, 1, 1, 0, 1, 1, 1, 0, 1, 1, 0, 1, 0, 0, 0, 1

ここで、かなりの人が「意外だ」と思うであろうことは、「1」が10回も続けて出ている点ではないでしょうか?

そんなはずはない、と思う人は、今から実際に硬貨を100

回投げてみてください。表か裏が結構連続して現れるのが現実なのです。今実験してほしいのです。実験するのは「今でしょう」。だれでも、硬貨のいくつかは財布に入っているでしょう。

「いつ実験するか？　今でしょう‼」

人為的に、「デタラメに0と1を書く」と、こういう連続した数は、普通の人は絶対に書かないのです。

上の例は1が続いた数が極めて多かったのですが、予想以上に続くのが「デタラメ」の真実なのです。

「デタラメ」は、奥が深く、なかなか極められないのが普通なのです。

3.4 2枚の硬貨を投げたときの確率

2枚の硬貨を投げたとき、「1枚が表、1枚が裏の確率は？」と、中学生、高校生、大学生、社会人に聞くと面白い答えが返ってきます。テレビのクイズ番組でもときどき出題される問題です。

■第1の考え　硬貨を2枚投げて、表と裏の出方は、次の3通りである。

(1)　「2枚とも表」

(2)　「2枚とも裏」

(3)　「1枚が表で1枚が裏」

3通りあれば、それぞれの確率は、場合の数で求められるので、$\frac{1}{3}$である。

■第2の考え　硬貨2枚は、混ぜてしまえば見分けがつかないかもしれないが、それぞれ個性を持っているはず。個性に名前を付けて、AとBにする。次の4通りがありうる。

(1)「Aが表、Bも表」
(2)「Aが表、Bが裏」
(3)「Aが裏、Bが表」
(4)「Aが裏、Bも裏」

4通りあり、それぞれの確率が$\frac{1}{4}$である。問題の「1枚表、1枚裏」というのは、(2)と(3)を合わせた事象であるから、確率はそれらの和で、$\frac{1}{4}+\frac{1}{4}=\frac{1}{2}$となる。

たいていは、両方の意見の支持者がいて、議論させると面白いことになります。2つのグループに分かれて論争するといいでしょう。

$\frac{1}{3}$を支持するグループの意見は、「2つの硬貨は、見た目にはもちろん、実際にも何らの区別もなく動くはずだ。この2つの硬貨を区別するような計算は一切正しくないはずだ」となるでしょう。

$\frac{1}{4}$を支持するグループの意見は、「2つの硬貨は、確かに見た目には区別できないが、実際には異なる硬貨として振る舞っているはずだ。大きさが大小異なっていたり、赤色・黄色と色が塗ってあったりすればこのことは明らかだろう。大きさが似通ったり、色が同じような色になったりしても、硬貨の動きに違いが出るわけがない。人間が2つを区別できるかどうかは、全く独立の話だ」となるでしょう。

いろいろな意見を聞くと、反対側の意見に乗り換える人も出てきますが、この論争はなかなか決着がつかないのが普通です。

続いて、「どちらが正しいかをどうやって判定するのか？」に議論が展開していきます。いろいろな判定法が提案されるでしょうが、「実際に投げてみるしかない」ということにまとまるのが普通です。

そこで、20組に分かれて、1000回の実験を行います。次の結果（表3.1）は1つの例ですが、たいていはこのような結果に収まります。

表3.1: 硬貨を2つ投げたときの回数

組	2つ表の数	1つ表、1つ裏の数	2つ裏の数
1	291	472	237
2	254	495	251
3	239	498	263
4	250	492	258
5	218	529	253
6	260	501	239
7	255	512	233
8	271	487	242
9	265	509	226
10	238	516	246
11	295	464	241
12	255	507	238
13	259	515	226
14	215	503	282
15	241	516	243
16	267	468	265
17	225	523	252
18	240	508	252
19	233	501	266
20	257	491	252

どの1000回の硬貨投げでも、「1枚表、1枚裏」の出方が、「2枚表」や「2枚裏」の場合の2倍近く起こっている結果が得られています。

やはり、硬貨は区別されていると考えたほうがよさそうであることがわかるでしょう。「第2の考え」に軍配が上がったかのようです。

しかし、これは、「硬貨を投げる」という、マクロの事象についてです。

これが、素粒子というミクロの事象のレベルに行くと、「第1の考え」の方が適切な粒子が存在するのです。このような統計を、「ボース・アインシュタイン統計」というのです。「第2の考え」に従う粒子もあり、「フェルミ・ディラック統計」といわれます。

ボース・アインシュタイン統計に従う粒子を「ボース粒子(ボソン)」と呼び、光子やパイ中間子などが含まれています。フェルミ・ディラック統計に従う粒子は、「フェルミ粒子（フェルミオン)」と呼ばれ、電子、中性子、陽子などが含まれています。

2つの硬貨が区別されるような実験結果になったのは、硬貨投げという、マクロの世界の出来事であったからに他なりません。ミクロの世界ではそうとも限らないのです。

3.5 賭博の極意——丁半どちらが出やすいか?

前の節で、硬貨を扱いましたが、これをサイコロにしたのが、「丁半の確率」です。

昔の賭博では、サイコロを2つ投げた場合、「目の和が偶数のとき」を「丁」といい、「目の和が奇数のとき」を

「半」といいました。

丁となる場合は、次の12通りあります。

半となる場合は、次の9通りです。

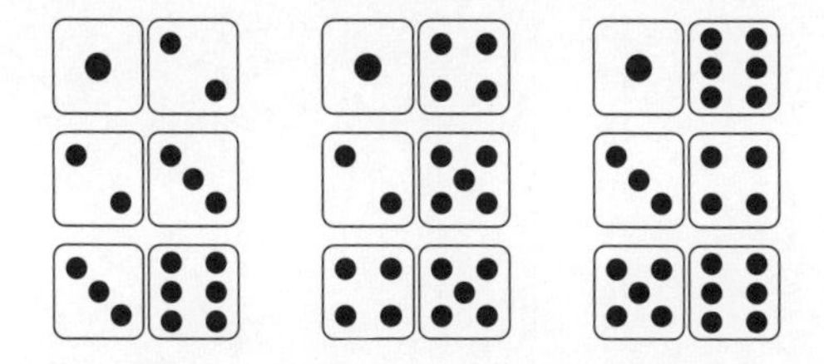

12通りの丁の方が、9通りの半より多く出やすいのでしょうか?

はじめに、2個のサイコロを100回投げてみて、丁の出た回数と、半の出た回数を調べてみます。

100回投げることを、20組行った結果は、例えば次の表3.2のようになります。

この結果を見ると、「丁の方が出やすい」という傾向は読み取れません。むしろ、「丁半ほぼ同じ割合で出そう」ということがわかります。

丁が12通り、半が9通りという数え方は、硬貨のときと

表 3.2: 丁と半の回数

組の番号	丁の回数	半の回数
1	48	52
2	58	42
3	60	40
4	53	47
5	57	43
6	48	52
7	51	49
8	56	44
9	51	49
10	44	56
11	41	59
12	49	51
13	56	44
14	53	47
15	47	53
16	43	57
17	49	51
18	44	56
19	54	46
20	49	51

同じように、2つのサイコロを区別できない、とした場合の数え方になっていることに気がつくでしょうか？

2つのサイコロが区別できるとすると、場合の数は表3.3のように、共に、18通りとなります。

この実験結果から、丁と半の出方には差がないことがわかるのです。マクロの世界では、サイコロは互いが区別できるとして行動しているのです。

表 3.3:2 つのサイコロが区別できるとした場合の丁と半の回数

番号	丁サイコロ A	丁サイコロ B	半サイコロ A	半サイコロ B
1	⚀	⚀	⚀	⚁
2	⚀	⚂	⚁	⚀
3	⚂	⚀	⚀	⚃
4	⚀	⚄	⚃	⚀
5	⚄	⚀	⚀	⚅
6	⚁	⚁	⚅	⚀
7	⚁	⚃	⚁	⚂
8	⚃	⚁	⚂	⚁
9	⚁	⚅	⚁	⚄
10	⚅	⚁	⚄	⚁
11	⚂	⚂	⚂	⚃
12	⚂	⚄	⚃	⚂
13	⚄	⚂	⚂	⚅
14	⚃	⚃	⚅	⚂
15	⚃	⚅	⚃	⚄
16	⚅	⚃	⚄	⚃
17	⚄	⚄	⚄	⚅
18	⚅	⚅	⚅	⚄

3.6 サイコロ賭博師は経験から計算を疑った

中世のヨーロッパでは、賭博が盛んに行われていました。その中で、「3つのサイコロを同時に投げて、和が9になる場合と、和が10になる場合では、場合の数を数えると、共に6通りで等しくなる」（図3.2）というのです。

確かに、図3.2のように、どちらも6通りありますから、

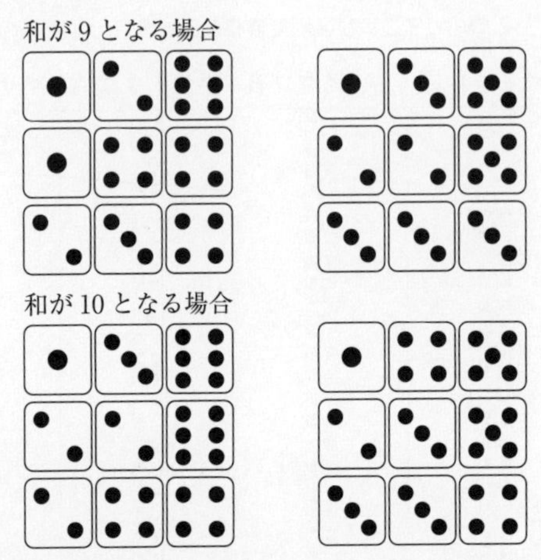

図3.2:3つのサイコロの目の和が9、10になる場合は共に6通り

和が9になる場合と、和が10になる場合は、同じ割合で出そうです。

しかし、熟練した賭博師は、経験上から、「和が10の場合の方が多く出ている」と気がついたのです。この賭博師は、有名な物理学者・天文学者である、かのガリレオ・ガリレイ（1564年〜1642年）に相談したのだというのです。ガリレオは詳しい計算と実験とを行って、賭博師の予想が正しいことを示したのでした。

その原理は、区別できない2枚の硬貨を投げたときと同じで、3つのサイコロは、人間の目には区別ができなくても、サイコロ自身は個性を持っていて、区別できるとして振る舞っているのでした。

サイコロが区別できるとすると、和が9となる場合と、10になる場合は、それぞれ表3.4、表3.5のように表せるので

表 3.4: サイコロを 3 つ投げて、目の和が 9 になる場合

番号	サイコロ A	サイコロ B	サイコロ C
1	⚀	⚁	⚅
2	⚀	⚂	⚄
3	⚀	⚃	⚃
4	⚀	⚄	⚂
5	⚀	⚅	⚁
6	⚁	⚀	⚅
7	⚁	⚁	⚄
8	⚁	⚂	⚃
9	⚁	⚃	⚂
10	⚁	⚄	⚁
11	⚁	⚅	⚀
12	⚂	⚀	⚄
13	⚂	⚁	⚃
14	⚂	⚂	⚂
15	⚂	⚃	⚁
16	⚂	⚄	⚀
17	⚃	⚀	⚃
18	⚃	⚁	⚂
19	⚃	⚂	⚁
20	⚃	⚃	⚀
21	⚄	⚀	⚂
22	⚄	⚁	⚁
23	⚄	⚂	⚀
24	⚅	⚀	⚁
25	⚅	⚁	⚀

表 3.5: サイコロを 3 つ投げて、目の和が 10 になる場合

番号	サイコロ A	サイコロ B	サイコロ C
1	⚀	⚂	⚅
2	⚀	⚃	⚄
3	⚀	⚄	⚃
4	⚀	⚅	⚂
5	⚁	⚁	⚅
6	⚁	⚂	⚄
7	⚁	⚃	⚃
8	⚁	⚄	⚂
9	⚁	⚅	⚁
10	⚂	⚀	⚅
11	⚂	⚁	⚄
12	⚂	⚂	⚃
13	⚂	⚃	⚂
14	⚂	⚄	⚁
15	⚂	⚅	⚀
16	⚃	⚀	⚄
17	⚃	⚁	⚃
18	⚃	⚂	⚂
19	⚃	⚃	⚁
20	⚃	⚄	⚀
21	⚄	⚀	⚃
22	⚄	⚁	⚂
23	⚄	⚂	⚁
24	⚄	⚃	⚀
25	⚅	⚀	⚂
26	⚅	⚁	⚁
27	⚅	⚂	⚀

す。

3個のサイコロは区別できるので、3個のサイコロを振って、「和が9となる確率」は次のようになります。

$$\frac{25}{6^3}=\frac{25}{216}\fallingdotseq 0.1157\cdots$$

「和が10となる確率」は、次のようになります。

$$\frac{27}{6^3}=\frac{27}{216}=0.125$$

この差は、僅かに$0.125-0.1157=0.0093$しかありません。この差はなかなか実際には観測しにくいものです。3個のサイコロを1000回投げて、和が9の回数と、和が10の回数を実験で20組調べると、例えば表3.6のようになります。

1000回の実験20組では、和が9になる場合より和が10になる場合の方が多かったのは、14回です。しかし、和が9になる場合の方が多かったことも、6回もあるのです。

中世の賭博師は、「和が10になることの方が多そうだ」と、よくぞ気がついたものでした。

間違った計算より、現実の経験則を信用した賭博師は先見の明があったのです。

表3.6:3個のサイコロを投げて和が9と10になった回数

組み番号	和が9の回数	和が10の回数
1	105	133
2	106	114
3	123	121
4	126	128
5	110	132
6	113	141
7	106	119
8	130	117
9	103	126
10	126	143
11	128	125
12	120	119
13	102	132
14	121	133
15	134	124
16	135	113
17	109	126
18	123	134
19	118	131
20	111	140

第３章コラム　直方体の「サイドタ」の目が出る確率

立方体のサイコロは、投げると、ころころと心地よく転がっていきますが、3辺の長さが異なる直方体を投げると、「ドタ」という感じで、うまく転がりません。そこで、直方体で作ったサイコロは、サイコロではなく「サイドタ」と呼ばれたりします（図 3.3）。

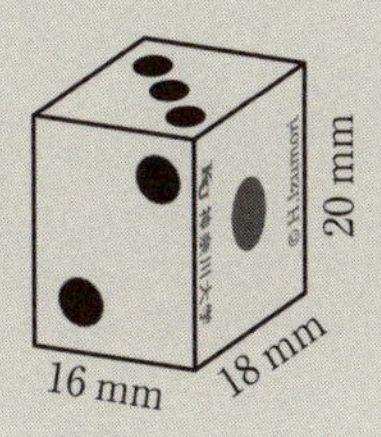

図 3.3: サイドタ

第２章で説明した通り、３辺の長さ（a, b, c）が異なる直方体の、それぞれの目の出る確率を求める公式などありません。ただし、実験結果はいくつか得られてきています。

図 3.4 の結果は、2010 年に東京で開かれた第５回東アジア

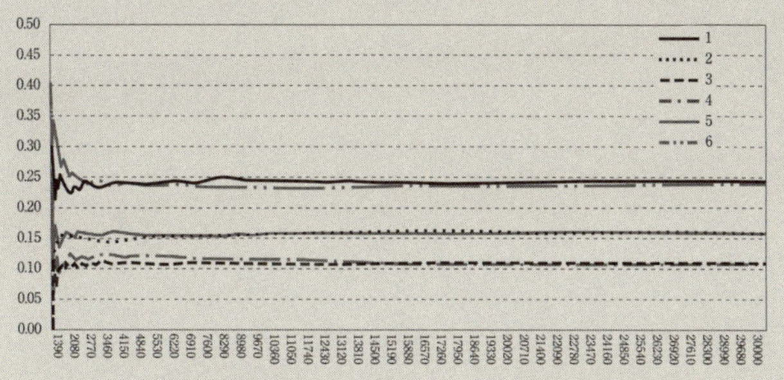

図 3.4: 相対頻度の推移のグラフ（30000 回投げた結果）

数学教育国際会議（The 5th East Asia Regional Conference on Mathematics Education）において、神奈川大学の何森仁先生と共同で発表したものです。3辺の長さが16 mm、18 mm、20 mmである直方体のサイドタを、30000回投げた結果です。

当然のように、相対する向かい側にある面の目が出る相対頻度はほぼ等しくなっていきます。

第4章

日常生活に現れる確率

4.1「先手必勝」か「残り物に福」か?

4.1.1 上手く行動すれば必ず勝てるゲーム

「上手く行動すれば、先手は必ず勝てる」というゲームもあります。「先手必勝」が真実のゲームでは、このゲームをよく知っている人はどちらが先手を打てるかで勝負は決まってしまうので、試合を最後までする気がしないでしょう。しかし、「先手必勝」といっても、途中でミスをしてしまっては勝てません。人間だから途中でミスをしないとも限らないので、試合を続ける価値はあるというものです。

逆に、「残り物には福がある」という場合もあります。後攻めの方が有利という場合もありうるのです。しかし、どちらの場合も、ゲームとして成立するのは、その構造がある程度複雑であるときに限られます。

ここで、先手必勝の簡単なゲームを1つ紹介しておきましょう。「石取りゲーム」と呼ばれるゲームです。わかりやすい例で説明しておきましょう。

ここに石が17個あります。2人で交互に石を1個から3個まで取ることができるとします。そして、最後に石を取った人が勝者となる、というルールです。

石は3個までしか取れないので、残りが4個になったら、相手が1個取れば3個取れることになります（○●●●）。相手が2個取れば2個取れます（○○●●）。相手が3個取れば1個取れます（○○○●）。

この状態は、残りが8個の場合も同様です。先手は、残りが4の倍数になるように石を取ればよいことがわかるでしょう。

したがって、最初の石の数が、4の倍数でない場合、例えば、$4\times4+1=17$ 個ある場合、先手は1個だけ取って残りを4の倍数の16にすることができるのです。

以後は、後手の人が1個取ったら先手の人は3個取り、後手が2個取ったら先手は2個取り、後手が3個取ったら先手は1個だけ取っておけば、残りは常に4の倍数のままです。最後は残り4個となるので、先手が必ず勝てることになります。

最初の石の数が、4の倍数で例えば16個あったとすると、先手がいくつ取っても、後手は残りを4の倍数にできるので、「後手が必ず勝つ」ことになってしまいます。

もっとも、途中で、どちらかがケアレスミスで間違えて、「残りを4の倍数に」できないときは、間違えた方が負けることになります。

今はわかりやすいように、4の倍数にすることを考えたのですが、一般にいくつにしても同じことです。すなわち、

「はじめに n 個の石がある。1から k 個までの石を交互に取り、最後に石を取った方が勝つ」

というルールで表されます。

「残りを $k+1$ の倍数にできた方が勝者となる」というのがこのゲームの真相です。最初にあった石の数 n が、$k+1$ の倍数でなければ「先手必勝」となり、n が $k+1$ の倍数であれば「後手必勝」となるゲームなのです。

最初は、「残りを $k+1$ の倍数にすれば必ず勝てる」というカラクリに気がつかないでゲームをしていて、偶然性で勝ったり負けたりしているのも面白いかもしれません。途中で「カラクリ」に気がついた方が連勝を続けることになりますが。

カラクリの法則に気がつくのは、ひょっとしたら大学生より小学生の方が早いかもしれません。カラクリを知らない人同士で始めると、楽しいゲームになります。

＞4.1.2 偶然性に支配されるゲーム

これに対して、ゲームの構造が、もっぱら偶然性によっている場合はどうでしょうか？

全くの偶然で決まっていくゲームとして、例えば、「商店街の福引き」を例にとりましょう。年末にある街の小さな商店街が、「5000円お買い上げにつき、福引きを1回だけ試せます」といった調子で、福引き券を配っているとします。

わかりやすいように、くじ引きの問題に直しておきましょう。

くじには、「当たり」が3枚、「ハズレ」が2枚入っているとします。当たりのくじを白丸○で表し、ハズレのくじを黒丸●で表しましょう。

(○、○、○、●、●)

一度引いたくじは元には戻さないとします。

はじめの人が「当たり」を引いてしまうと、くじ状態は、

(○、○、●、●)

となってしまい、次の人は当たりを引く可能性が減るので不利になります。やはり「先手必勝」なのでしょうか？

いや待てよ。はじめの人が「ハズレ」を引いてしまえば、くじの状態は、

(○、○、○、●)

となるので、残りは「当たり」の割合が増え、後から引く方が有利になります。前の人が何を引くかわからない状態で、先に引く方が得か、後で引く方が得か、どちらの考えがよいかをどうやって確認できるのでしょうか?

その解決は、「多数回の実験で決着させる」しかないでしょう。以下に、このような試行を20回行った結果を紹介しておきます。

当たりを○、ハズレを●で表します。はじめに引いた人の結果を左に書き、後から引いた人の結果を右に書き表すと、例えば次のようになりました。

(●、○)、(●、○)、(●、○)、(○、●)、(●、○)、
(○、○)、(●、○)、(●、●)、(○、●)、(○、○)、
(●、○)、(○、○)、(○、●)、(○、○)、(○、○)、
(●、○)、(●、○)、(○、○)、(○、●)、(●、○)

この結果は、「はじめの人が当たりを引いた場合が、10回あった」「後から引いた人が当たりを引いた場合が、15回あった」ことを意味します。この実験結果では、後から引いた人が当たった場合の方が多かった、つまり、「後手の方が有利であった」と言えます。

しかし、これは「たまたま起きたこと」に過ぎません。別の2人が20回実験すれば違う結果になるでしょう。もう1つの結果を紹介しておきます。

(○、●)、(○、○)、(○、●)、(○、○)、(○、●)、
(○、●)、(●、○)、(○、○)、(○、○)、(●、○)、
(●、○)、(●、○)、(●、●)、(○、●)、(○、○)、
(●、○)、(○、○)、(○、●)、(○、●)、(○、●)

今度は、「はじめに引いた人が当たりを引いた場合が、14回あった」、「後から引いた人が当たりを引いた場合が、11回あった」となり、「先手の方が有利」でした。

2人が20回実験した結果では、どちらとも言いにくいのです。そこで、試行の回数を、100回、1000回、10000回、……、と増やしてみましょう。回数を変化するときに比較が可能なのは、相対頻度でした。

「はじめに引いた人が当たりを引いた相対頻度」と、「後から引いた人が当たりを引いた相対頻度」をまとめてみると、表4.1のようになりました。

表4.1: はじめの人が当たり、後の人が当たりのそれぞれの相対頻度

試行回数	はじめが当たり	後が当たり
100回	0.59	0.62
1000回	0.61	0.596
10000回	0.6022	0.5953
100000回	0.60176	0.59896
1000000回	0.599926	0.59994

この実験結果から、「試行回数を増やしていくと、『はじめの人が当たりを引く相対頻度』も、『後の人が当たりを引く相対頻度』も、両方とも等しい値0.6に近くなっていく」ということがわかるでしょう。

このことを計算で確かめるのは、確率の計算規則を学んでからなのですが、念のため、計算で確かめる方法を紹介しておきましょう。

「はじめの人が当たりを引く確率」は、わかりやすいでしょう。ここでのくじは次のようになっています。

(○、○、○、●、●)

ここから1本引いて、当たり(○)を引く確率を求めます。5個のくじのどれもが等しい確率で引かれるでしょうから、それぞれが、$\frac{1}{5}$の確率で引かれることになります。このうちで、○は3通りあるので、当たりを引く確率は$\frac{1}{5}\times 3=\frac{3}{5}=0.6$です。

はじめの人が当たりくじを引いた場合(その確率は0.6でした)、くじの構造は、(○、○、●、●)となってしまうので、後から引く人が当たりを引く確率は、$\frac{1}{4}\times 2=\frac{2}{4}=0.5$となります。したがって、「はじめの人が当たりを引き、後の人も当たりを引く確率」は、$0.6\times 0.5=0.3$です。

一方、はじめの人がハズレを引いてしまったとき(これは確率$\frac{2}{5}=0.4$で起きます)、くじの構造は、

(○、○、○、●)

となっているので、後から引く人が当たりを引く確率は、$0.4\times 0.75=0.3$となります。後から引く人が当たりを引く確率は、両方の場合を加えて得られます。$0.3+0.3=0.6$です。

これで、実験結果を確率の計算で確認することができました。ここでわかったことは、「全くの偶然に左右されるくじ引きでは、先手必勝でもなく、残り物には福があるわけでもない」ということです。

くじ引きは、いくつの石を取るかを、ゲームをする人が自分の意志で決定できる「石取りゲーム」とは、決定的に異なるのです。くじ引きでは、「当たりを引きたい」という希望はあっても、確実に当たりを引くことができないからです。

4.2 下手な鉄砲も数打てば当たる?

「下手な鉄砲も数打てば当たる」ということわざがあります。これを確率の言葉で表現すると、次のようになるでしょう。

「1回で的に当てられる確率がかなり低い人でも、数多く的を射る作業をすれば、的に当てられる確率が高くなる」

このことが事実かどうか、まず実験で調べてみましょう。

ある人が矢で的を射るとき、1回で的を射る確率を0.1（10%）としてみるのです。この人が、20回的を目指して矢を射るとき、「少なくとも1回的に当たるかどうか」を実験するのです。

20回的を射る実験を、100組行ったときの、20回のうちで的に当たった回数を記録すると次のようになりました。

3, 1, 0, 2, 4, 4, 2, 2, 0, 2, 2, 2, 4, 4, 2, 2, 0, 3, 3, 0, 0, 4, 4,
3, 1, 2, 2, 2, 1, 5, 2, 0, 2, 1, 4, 1, 2, 0, 2, 3, 1, 1, 1, 3, 4, 2,
3, 1, 1, 1, 3, 2, 0, 2, 2, 0, 2, 6, 0, 1, 3, 3, 2, 3, 0, 0, 2, 0, 4,
2, 2, 2, 2, 4, 1, 1, 1, 4, 3, 2, 2, 1, 1, 2, 3, 2, 2, 3, 1, 4, 2, 1,
1, 0, 1, 3, 1, 2, 1, 4

この100組の実験結果から、「20回射て、少なくとも1回当たっているのは、86回」もあり、確かに、「下手な鉄砲も数打てば当たる」ということわざは正しいことがわかります。

これを、計算で確かめるには、次のようにすればよいのです。

1回で的を射る確率を、pとしましょう。

「n回射て、少なくとも1回当たる確率」を直接求めるのは面倒なので、この事象の余事象の確率を求めて、1から引けばよいのです。A の「余事象」とは、「A が起きないという事象」のことです。

この場合、余事象は、「n 回、全て外れる」です。「1 回で外れる確率は、$1-p$」ですから、n 回全て外れる確率は、$(1-p)^n$ となります。

したがって、求める確率 P は次のように表せます。

$$P=1-(1-p)^n$$

この式に、$p=0.1$、$n=20$ を代入すると、次のようになります。

$$P=1-(1-p)^n=1-(1-0.1)^{20}=1-0.9^{20}$$
$$=1-0.121577=0.878423\fallingdotseq 0.88$$

つまり、計算でも、88%の確率で成り立っていることになります。実験結果の 86%とよく符合していることがわかります。

もっと下手な鉄砲打ちだとどうでしょうか。1 回で当たる確率が極めて小さく、100 回で 1 回しか当たらない、すなわち、$p=0.01$（1%）としましょう。しかし、このようなめったに当たらない人も、100 回射ると、少なくとも 1 回当たる確率は、

$$1-(1-0.01)^{100}=0.633968\fallingdotseq 0.63$$

です。つまり、「100 回もやれば、63%の確率で少なくとも 1 回当たる」のです。

n を増やしていくと、「少なくとも 1 回当たる確率」は、図 4.1 のグラフのように、確実に高くなっていくことがわかります。

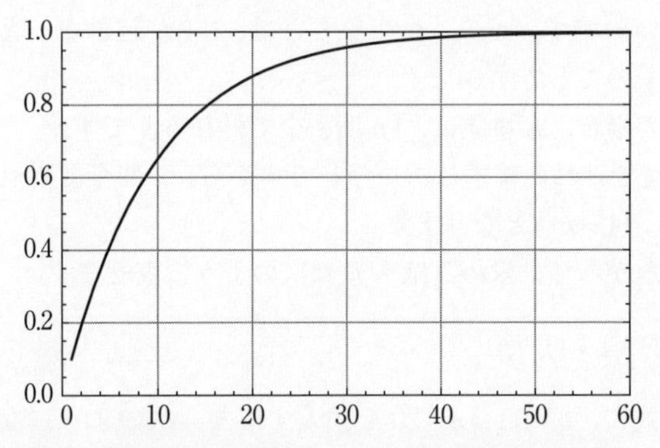

図 4.1: nを増やすと「少なくとも 1 回当たる確率」は高くなる
（下手な鉄砲も数打てば当たる）

4.3 部屋にいるのは男か女か?

ある町のアパートには、部屋が3つあり、A、B、C、の名前がついています。

Aの部屋には男2人が住んでいて、Bの部屋には男1人と女1人が住んでいて、Cの部屋には女2人が住んでいます。このアパートの住人は近くのピザ屋によく注文して配達してもらっています。

ある日曜日、ピザ屋にいつものように注文の電話がかかってきました。電話は女の人でしたが、注文内容の確認のためか、近くで男の声が聞こえました。

つまり、Bの部屋から注文があったのです。

このアパートにあまり配達したことがない、新人のアルバイト店員のK君が、ピザが温かいうちに届けようと、急いで配達に行きました。ところが、このアパートに来て、男1人、女1人で住んでいる部屋がわからなくなってしまいました。

　このＫ君は、携帯電話を忘れてきてしまい、店に確認の電話ができませんでした。そこで彼は、

「間違ったら謝って別の部屋へ配達すればいいや」

と思って、山勘で、「エイやっ」と１つの部屋を選んでノックしてみたのです。ノックすると中から女の人の声が聞こえて、玄関口に出てくるようでした。

　さて、彼がノックした部屋が、注文のあった「男１人、女１人が住んでいる部屋」である確率は、いくらでしょうか？

　この問題の答えとしては、通常次の２通りの値が考え出されます。

　■第１の考え　玄関に出てくる人が女の人である場合は、Ｂの部屋である場合と、Ｃの部屋である場合の２通りがあります。注文された部屋はそのうちの１つだから、２通りのうちの１つで、当たる確率は、$\frac{1}{2}$であると考えるのです。

　■第２の考え　このアパートには、女の人が３人住んでいます。部屋で声がして玄関に出てくる気配がするのは、この３人のうちの誰かです。注文どおりになるのは、この女の人が男の人と住んでいる場合ですから、３通りのうちの１通りが注文どおりになる場合となり、確率は、$\frac{1}{3}$と考えるのです。

　この２通りの考えのうち、どちらが正しいのでしょうか？

　どちらも正しそうで、「だから確率は嫌い」という人も多いようです。

　しかし、正解を判断するのは実は極めてやさしいのです。正解に達する秘訣は、「確率の意味を思い出そう」です。確率とは、

「偶然現象において、多数回の試行を行ったときに、該当する事象の相対頻度が安定していく値」

のことでした。このことを思い出して、「多数回の試行を思考」すればよいのです。

この問題では、新米アルバイト店員のK君が、同じ状況で、多数回配達に行ったと考えればよいのです。

多数回をより具体的にして、例えば、300回配達に行ったと考えてみましょう。

彼は部屋を忘れてしまったので、3つの部屋のうちのどれをノックするかは、平等で、Aを100回、Bを100回、Cを100回ノックすることになるでしょう。

ここで、問題には明記されていないのですが、各部屋の住人の2人のうち、どちらの人がノックに応対して返事をするかは確率 $\frac{1}{2}$ で、平等であるとします。

住人に次のように名前をつけておきましょう。

・男2人の部屋に住んでいるのは「男1」「男2」

・男女の部屋に住んでいるのは「男3」「女1」

・女2人の部屋に住んでいるのは「女2」「女3」

ノックしたら女の人の声で応答があったので、応答したのは、女1、女2、女3の誰かです。

アルバイト店員のK君がノックしたのは300回としたので、男女の部屋Bをノックするのは100回で、女1が応答する回数は、50回となります。

部屋Cをノックするのは100回で、女2が出てくるのが50回、女3が出てくるのが50回となります。

これだけ準備しておくと、求める確率が計算できるでしょう。求める確率は、

「部屋から応答があり、玄関に出てくるのが女の人という条件で、配達が要望通り、男の人がいる部屋である確率」でした。

多数回、300 回の思考実験によると、女の人が応答したのは、150 回です。この条件の下で、もう 1 人が男である確率とは、応答した女の人が、女 1 である確率のことです。このようなケースは、50 回あります。

したがって、求める確率は次のようになります。

$$\frac{50}{150}=\frac{1}{3}$$

これを、思考実験でなくて、計算で求めるには、次のようにベイズの定理を使えばよいのです。ベイズの定理については、第 5 章で詳しく述べます。

$$P_{(\text{女が応答})}(\text{もう一人は男})$$

$$=\frac{P((\text{女が応答})\cap(\text{もう一人は男}))}{P((\text{女が応答})\cap(\text{もう一人は男}))+P((\text{女が応答})\cap(\text{もう一人も女}))}$$

$$=\frac{\frac{1}{3}\times\frac{1}{2}}{\frac{1}{3}\times\frac{1}{2}+\frac{1}{3}\times 1}$$

$$=\frac{1}{3}$$

4.4 夢を運ぶ宝くじの確率

「1 億円」「5 億円」「7 億円」「10 億円」を得たい、などというのは、庶民のはかない夢です。

しかし、夢を膨らませるようにと、「年末ジャンボ宝くじ」をはじめとする「宝くじ」の最高賞金額は、毎年のように高くなってきています（表4.2）。

表4.2: 宝くじの賞金額の移り変わり

年	最高賞金額	1等	前後賞
昭和20年	10万円		
昭和22年	100万円		
昭和43年	1000万円		
昭和55年	3000万円		
昭和62年	9000万円	6000万円	1500万円
平成元年	1億円	6000万円	2000万円
平成11年	3億円	2億円	5000万円
平成24年	5億円	3億円	1億円
平成25年	7億円	5億円	1億円
平成26年	10億円	7億円	1億5000万円

アメリカでは、当せん金が無制限にキャリーオーバー（繰り越し）されたりするので、賞金も、300億円とか600億円とかにまでなることがありますが、日本ではそういうことはありません。

しかし、販売額を増やす呼び水にしようと、最高金額だけを釣り上げても、人気は下降気味で、売上高はここ数年間は減少の傾向にあります（表4.3）。

毎回買い続けても、当たることはまずあり得ないことです。それでも、「買わなければ当たらない」のも確かで、大勢の人が夢を買い求めているのです。

日本の宝くじでは、売上金から賞金として支払われる割合である「還元率」は、5割以下しかありません（48%という説明もあるほどです）。

表 4.3: 近年の宝くじの売上高（総務省による）

年	販売金額
2008 年	約 1 兆 420 億円
2009 年	約 9876 億円
2010 年	約 9190 億円
2011 年	約 1 兆 44 億円
2012 年	約 9135 億円
2013 年	約 9445 億円
2014 年	約 9007 億円

外国では、もっと高いのが普通であり、アメリカの宝くじは種類によってさまざまですが、だいたい 6 割ぐらいが多いと言われています。

宝くじにはいろいろな種類があるのですが、ここでは、年末ジャンボ宝くじについて少し詳しく考えてみましょう。

例えば、2014 年の年末ジャンボ宝くじの当せん金額と本数は表 4.4 のようになっていました。

予定の発売額は、1470 億円です（1 ユニットを 1000 万枚として、49ユニットです。ただし、完売するわけではなく、どうしても売れ残りが出てしまうので、実際は表 4.4 と少し異なります）。

1 等の当せん確率が極めて低いことがわかるでしょう。1000 万分の 1 しかありません。1000 万枚に 1 枚しか当たらないのです。東京都の人口がおよそ 1300 万人ですから、全東京都民から 1 人だけ選ばれるのにほぼ等しい確率です。

サイコロ投げで言えば、⚀が、続けて 9 回出る確率にほぼ等しいのです。硬貨投げで言えば、24 回続けて表が出る確率に匹敵するのです。こんなことが起きるはずがないという

表 4.4:2014年の年末ジャンボ宝くじの当せん金額と本数

等級	当せん金額	本数	当選確率
1等	5億円	49本	$\frac{1}{10000000}$
1等の前後賞	1億円	98本	$\frac{2}{10000000}$
1等の組違い賞	10万円	4851本	約$\frac{1}{100000}$
2等	2000万円	98本	$\frac{2}{10000000}$
3等	100万円	4900本	$\frac{1}{100000}$
4等	5万円	4万9000本	$\frac{1}{10000}$
5等	3000円	490万本	$\frac{1}{100}$
6等	300円	4900万本	$\frac{1}{10}$

ほどに小さな確率なのです。

宝くじは、たくさん買えば買うほど損が大きくなるのです。こんな小さな確率のことが自分の身に起きるわけがないのですが、人々はそれでも夢を買い続けるのです。それは、毎年、何十人という人が何億円も当てているという必然があるからです。

損をしない宝くじの買い方は、「1枚も買わないこと」となるのですが、それでは夢がありません。宝くじは、「愚か者にかける税金」とさえ言われるほどですが、
「3000円ばかりあってもしょうがない。落としてしまったと思えばいい。捨ててもいい。結果がわかるまでの、1ヵ月ばかりのあいだ、楽しい夢を買うのだ」
と考える人は、300円の券を10枚購入すればいいのです。

当たるなどとは考えずに。

金銭的には、平均して損をしてしまうのが「宝くじの真実」なのですが、ものは考えようです。ハズレが判明するまでの短い期間ですが、「当たったら何に使おう。豪邸を買おう、海外旅行しよう……」と、夢が描けるのなら、1 枚 300 円、10 枚で 3000 円など安い買い物かもしれません。

夢を描ける人生は幸せな人生でしょう。これは、若い人でも高齢者でも同じことではないでしょうか?

4.5「当たりが出やすい宝くじ売り場」はあるか?

宝くじの売り場は、みずほ銀行の窓口を除いて、全国で約 17000ヵ所もあると言われます。この中で、よく「当たり」が出る売り場として有名なのは、西銀座チャンスセンター（図 4.2）です。

図 4.2: 西銀座チャンスセンター（写真：Rodrigo Reyes Marin/アフロ）

この売り場が、そのWebサイトで「西銀座チャンスセンターの魅力（高額当せん情報）――年末ジャンボ宝くじの当せん実績」として自慢している数字は、表4.5のようになっています。

表 4.5: 西銀座チャンスセンターで 1 億円以上当てた人の人数と金額実績

期間	人数	金額
平成（1989年〜2014年）	228名	337億円
最近5年（2010年〜2014年）	38名	68億円
2014年	6名	14億円

この実績を見ると、「自分も西銀座チャンスセンターで買えば1億円以上が当たるのではないか」と考えて、地方からもわざわざ交通費をかけて買いに来る人がたくさんいるのです。

しかし、この売り場で買えば「当たる確率が高くなる」わけではありません。この売り場では、年末ジャンボ宝くじで1000万枚以上売れるので、確率 $\frac{1}{1000万}$ のことが起きて、1等の当せん者が出ることに不思議はないのです。高額当せん者の陰に、当たらなかった人が当たった人の何万倍、何百万倍もいるのです。

売上枚数が多くなれば、確実に、当たった人の割合が当たる確率に近くなっていくだけです。西銀座チャンスセンターのWebサイトには、当たらなかった枚数や無駄になった金額が公表されていませんが、公表したらものすごい数字で驚くでしょう（売上に響くので公表しないでしょうが……）。

4.6「年末ジャンボ宝くじ」より「ナンバーズ」?

年末ジャンボ宝くじは、1等が当たる確率は極めて低く、$\frac{1}{1000万}$しかありませんでした。それよりははるかに当たる確率が高い、「ナンバーズ」の方が楽しめるという人も多いのです。

ナンバーズというくじについて、全く知らない人のために、少し説明しておきましょう。

年末ジャンボ宝くじなどの場合、番号を自分で選ぶことはできません。当たるか当たらないかは全くの他人任せしかできないのです。

それに対して、「数字選択式全国自治宝くじ」は、購入者が申し込む数字を自由に選択できる形式の宝くじです。現在は5種類、「ナンバーズ3」「ナンバーズ4」「ミニロト」「ロト6」「ロト7」があります。

「ナンバーズ」はその中でもわかりやすいくじで、自分が3桁(ナンバーズ3の場合)または4桁(ナンバーズ4の場合)の数字を決めて、それが当たりになるかハズレになるかを、その日のうちに知ることができるくじです(ただし、土日には抽せんはありません)。

ナンバーズ3は3つの数字を当てるのに対して、ナンバーズ4は4つの数字を当てる点だけが異なります。どちらも、毎日18:30まで(土日は20:00まで)はその日の分が購入でき(もちろん翌日からの分も購入できますが)、抽せんは平日の18:45に行われます。

抽せんは、ナンバーズ専用の、「電動式小型風車型抽せん機」で行われます。回転している数字が書いてある円盤に係員がスイッチを押して矢を放ち、どの番号に当たるかで各位

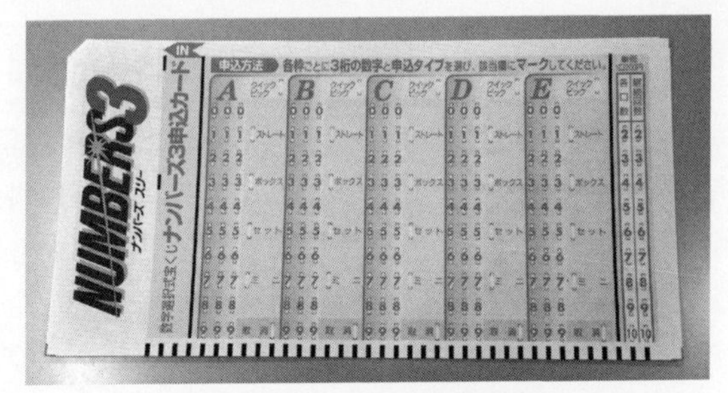

図 4.3: ナンバーズ 3 の用紙

の数字を決めていく手順です。

この抽せん機の「癖」を研究して、当たる数字を予想しようとしている人もいるのですが、無駄なことでしょう。どの位の数字もランダムに決定しているとしか考えられないからです。過去の当せん番号を調べても、特別な法則などありえません。

今まで当せん番号がいくつで、その時の当せん金はいくらだったかを、インターネットで簡単に知ることができます。

今までの結果のすべてのリストも見られますし、特定の番号が何回目に当たって、当せん金がいくらだったかも簡単に検索してくれるのです。

ここではわかりやすいように、ナンバーズ 3（図 4.3）についてのみ考えてみましょう。ナンバーズ 3 には、次のような 4 つの数の指定の仕方があります。

■ストレート　これは、3 つの数字が順序も含めて一致したときのみ当たりとなるものです。「345」が当たり番号だとすると、「453」とか、「543」などは全てハズレになります。

先頭の数が 0 でも構わないので、「038」「099」などでもよいのです。

このような数の組合せが何通りあるか調べてみましょう。先頭に来る数は、0から9までの10通りがあり、そのそれぞれに対して、2番目（十の位）に来る数字も10通りあり、さらに3番目（一の位）の数も10通りあるので、全部で1000通りあるのです。

$$10\times10\times10=1000$$

000から999までの1000通りの数字が等確率で出ると考えられるので、自分が予想した数、例えば、「359」が当たりとなる確率は、$\frac{1}{1000}$となります。

1000人が全て異なる数字にかけて、1枚ずつ購入したとすると、1枚200円なので、購入金額の総額は20万円となります。

$$200_{円/枚}\times1000_{枚}=200000\text{円}$$

このうちで、購入者に当せん金として還元されるのは45％と決められているので、200000×0.45＝90000、つまり、9万円が還元されることになります。

この場合、当たりの番号を選択した、ある1人の当せん者がこの9万円を受け取ることになります。当せん金額は、その日のナンバーズを購入した人の総金額を、当せん者の数で割った金額となるので、当せん金額は毎回異なってきます。

■**ボックス**　3つの数字の順序を問わない、組合せだけで決まります。例えば、「367」が当せん番号のとき、順序を変えた、「367」「376」「637」「673」「736」「763」の6通りの全てが当せん番号となります。

0から9までの10個の数から、3つの数字を、順序を問わずに、重複を許して、3個選び出す方法は、「重複組合せ」の計算公式から、次のように求められます。

$$ {}_{10}H_3 = {}_{10+3-1}C_3 = {}_{12}C_3 = \frac{12 \cdot 11 \cdot 10}{3 \cdot 2 \cdot 1} = 220 $$

ただし、ナンバーズのボックスでは、3つとも同じ数字は選べないことになっているので、000、111、222、333、444、555、666、777、888、999の10通りは除かれ、実際には、220－10＝210通りがありうることになるのですが。

ボックスで当たる確率は、$\frac{1}{210} = 0.00476$となります。210人が異なる組合せにかけたとすると、売上金額は200×210＝42000円となります。

当せん金として還元されるのは45％であり、42000×0.45＝18900円となるので、1人だけ当たったときの獲得当せん金額がこの金額となります。

ストレートより当たる確率が高くなるのですが、当せん金額の期待値は低くなるのです。

上に使った「重複組合せの公式」は、「異なるn個のものから、重複を許して、r個選び出す方法は、次の式で求められる」というものです。

$$ {}_nH_r = {}_{n+r-1}C_r $$

この公式は、少ない例で考えると理解しやすいでしょう。例えば、3種類の異なる果物、りんご（○）、みかん（□）、なし（△）から、重複を許して4個取り出す方法を、予備に縦線を活用して考えます。

りんご（○）2個、みかん（□）1個、なし（△）1個に

対応して、

(○、○、□、△) ⇔ (○○｜□｜△)

りんご（○）0個、みかん（□）1個、なし（△）3個に対応して、

(□、△、△、△) ⇔ (｜□｜△△△)

りんご（○）0個、みかん（□）0個、なし（△）4個に対応して、

(△、△、△、△) ⇔ (｜｜△△△△)

りんご（○）2個、みかん（□）2個、なし（△）0個に対応して、

(○、○、□、□) ⇔ (○○｜□□｜)

などとなります。矢印の右側の図から、このような場合の数は、縦線も入れて、6ヵ所から縦線の場所2ヵ所を選ぶだけあることがわかります。したがって、組合せの公式から、$_6C_2 = {}_{3+4-1}C_2$ で求められるのです。

■セット　これは、「ストレート」と「ボックス」に半分ずつかけるというものです。248という番号で、200円で1枚購入すると、100円分がストレートの248に、100円分がボックスに配分されます。100円分は「248の順番が変わっても当たり」になるとして扱われるのです。

■ミニ　これはナンバーズ2という意味で、ナンバーズ3のストレートで3桁の数を選んだとき、下2桁が合っていれ

ばよいというものです。237を選んだ場合、「ミニ」を選ぶと、37が指定されたと扱われます。

ミニの選び方は、00から99まで、$10 \times 10 = 100$通りあります。したがって、当たる確率は、$\frac{1}{100} = 0.01$となります。

100人が異なるミニの数を選んだとすると、総購入金額は$200 \times 100 = 20000$円となります。購入者に当せん金として還元されるのは、このうち45%ですから、$20000 \times 0.45 = 9000$円となります。当せん者があなた1人ならば、この金額を受け取れることになります。

ストレートに比べて、当たる確率は10倍になるのですが、当せん金額は10分の1になってしまうのです。

「どのタイプを選ぶかはあなた次第」です。

「当たる確率が低くてもかなりの金額を得たい」と考える人と、「金額は低くても確実に一定額を得たい」と考える人と、さまざまでしょう。

ナンバーズもジャンボ宝くじと同様に、買えば買うほど平均的には損をするのが「世の中の真実」です。それでも、「どんなふうに夢を買うか」については、人によってさまざまな考えがあるのです。どのような選択決定があなたを幸せにするかは、あなたにしか決められないのです。

「自由な選択肢がある」こと自体が、「幸せな人生」なのではないでしょうか？

「自由」は何物にも代えがたい「幸せ」なのでしょう。

4.7 ナンバーズ3で当たる数字は？

ナンバーズの抽せん結果は、インターネットで検索できます。例えば、4246回目のナンバーズ3の結果は表4.6のよう

表 4.6:2015 年 10 月 5 日のナンバーズ 3 の結果

タイプ	当せん口数	当せん金額
ストレート	67 口	97000 円
ボックス	701 口	16100 円
セットストレート	190 口	56500 円
セットボックス	1316 口	8000 円
ミニ	437 口	9700 円

になっていました。これは、2015 年 10 月 5 日月曜日の結果です。当せん番号は、「173」でした。

ストレートの当せん金額が、期待値の 9 万円より多いのは、当せん番号 173 を選択した人が、比較的少なかったからなのです。

当せん金額は、その番号を選んだ人の人数や割合で決まるので、毎回変化します。4245 回目（2015 年 10 月 2 日金曜日）の結果は表 4.7 のようになっていました。当せん番号は、「468」でした。

表 4.7:2015 年 10 月 2 日のナンバーズ 3 の結果

タイプ	当せん口数	当せん金額
ストレート	88 口	81700 円
ボックス	454 口	13600 円
セットストレート	286 口	47600 円
セットボックス	861 口	6800 円
ミニ	413 口	8100 円

ストレートの当せん金額が、今度は期待値の 9 万円より少ないのです。これは、当せん番号 468 を選んだ人が、比較的多かったからなのです。

過去の結果から、どのような数が当せん番号としてたくさん出ているかなどを検索することも容易になってきています。また、各位（桁）に出てきた数字の頻度なども興味があるかもしれません。

4246回から過去50回分の、各位における数字の頻度は表4.8のようになっています。

表4.8:50回分の各位の数字の頻度

当せんした数字	百の位	十の位	一の位
0	2回	10回	5回
1	8回	5回	2回
2	6回	5回	5回
3	5回	1回	5回
4	8回	4回	6回
5	4回	2回	3回
6	1回	8回	5回
7	5回	6回	5回
8	6回	5回	5回
9	5回	4回	9回

百の位では、1と4が当たりの数として最も頻繁に出ていました。6は滅多に出ていません。

十の位では、0が当たりの数としてかなりたくさん出てきています。

一の位では、9が多く当たりの数として出ています。

これは、偶然でなく、何かの傾向があるのでしょうか？今までの50回の結果から、最も出やすい数である百の位の1または4、十の位の0、一の位の9を使って「109」または「409」とすれば、当たりやすいのでしょうか？

実は、このナンバーズの当たりの数は、全くランダムに選んだ結果と基本的に同じなのです。百の位、十の位、一の位それぞれで、0から9までの数をランダムに50個選んで各数字の頻度を調べた結果を表4.9に紹介しておきましょう(コンピュータの乱数を使っての結果ですが)。

表4.9: ランダムに選んだ場合の頻度

選ばれた数字	百の位	十の位	一の位
0	0回	7回	4回
1	10回	1回	2回
2	8回	6回	6回
3	3回	9回	1回
4	3回	5回	4回
5	6回	6回	6回
6	4回	5回	7回
7	8回	1回	8回
8	4回	4回	5回
9	4回	6回	7回

ナンバーズ3の結果と選ばれ方に基本的な違いはないことがわかるでしょう。つまり、ナンバーズの当せん番号は、完全にランダムに決まっていると考えられるのです。

数字選択式といっても、自分が選んだ数字が当たるか当たらないかは、全くランダムに決まっているのです。

たくさん購入すればするほど、損をする(当せん金に還元されるのは45%に過ぎない)のは、年末ジャンボ宝くじと同じで、変わりはないのです。

それでも、宝くじよりは当たる確率はかなり高いので、当せん金は少ないものの、もらえる確率は高くなるのも事実です。

月曜日から金曜日まで、週5日抽せんが行われて、結果がその日のうちに(土日購入分は週明けに)わかる利点もありますし。

4.8 新聞2紙を購読している家庭の確率

問題は次のようなものです。∪（カップ）は「和集合」を表す記号、∩（キャップ）は「共通部分」を表す記号です。

「いろいろな家庭を無作為に選んで調査したところ、朝日新聞を購読している家庭 A が選ばれる確率が $P(A)=0.5$、読売新聞を購読している家庭 B が選ばれる確率が $P(B)=0.4$、どちらかを購読している家庭 $A\cup B$ が選ばれる確率が $P(A\cup B)=0.8$ であったとします。両方とも購読している家庭 $A\cap B$ が選ばれる確率 $P(A\cap B)$ は？」

こんな問題のときには、図を描いてみるのがよいのです（図4.4）。

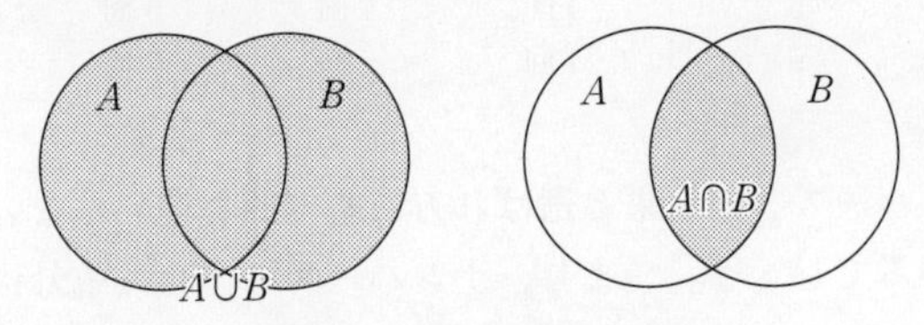

図4.4: 新聞の購読の図解

これらの確率について、次の関係式が成り立っています。

$$P(A)+P(B)=P(A\cup B)+P(A\cap B)$$

この式を次のように変形して、問題の解が得られるのです。

$$\begin{aligned}P(A\cap B)&=P(A)+P(B)-P(A\cup B)\\&=0.5+0.4-0.8\\&=0.1\end{aligned}$$

3つの事象 $A,\ B,\ C$ が関係している場合の図は、図4.5

のようになります。

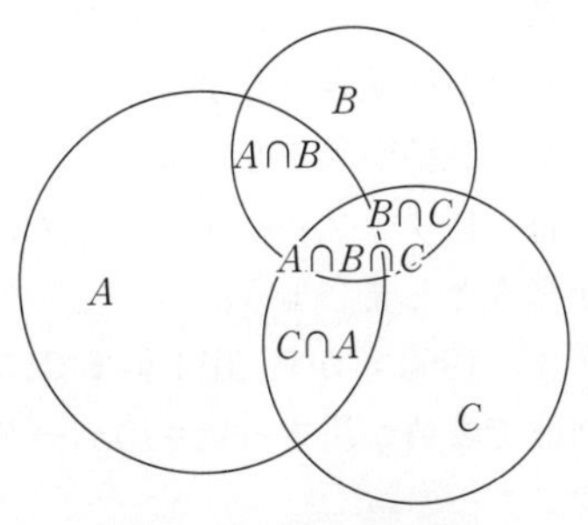

図 4.5:3 つの集合の確率

3つの集合の確率について、次の関係式が成り立ちます。

$$P(A\cup B\cup C)=P(A)+P(B)+P(C)-P(A\cap B)$$
$$-P(B\cap C)-P(C\cap A)+P(A\cap B\cap C)$$

この式は8項目からできているので、7項目がわかり、残り1つを求めるときに、いろいろに変形して使われます。

例えば次の式です。

$$P(A\cap B\cap C)=P(A\cup B\cup C)-P(A)-P(B)-P(C)$$
$$+P(A\cap B)+P(B\cap C)+P(C\cap A)$$

4.9 プロ野球の日本シリーズでひいきのチームが優勝する確率

プロ野球に全く興味がない人にはつまらない節になるかもしれませんが、日本シリーズとは、セ・リーグ6球団で優勝した最強のチームと、パ・リーグ6球団で優勝した最強のチームとが、日本一を目指して戦う試合のことです。最大7試合（引き分けは除きます）まで行えるのですが、早く4勝した方が優勝し、その後の試合はしません。

ここでは、余計な感情が入らないように、実名を避けて、日本シリーズでは「Pリーグ」と「Qリーグ」という2つのリーグの代表が戦うとしましょう。

日本シリーズは、1950年から2014年までに、65回行われました。何勝何敗で勝負が決まったかのデータは、次のようになっています。

・PリーグまたはQリーグ代表が、4勝0敗　7回
・PリーグまたはQリーグ代表が、4勝1敗　16回
・PリーグまたはQリーグ代表が、4勝2敗　21回
・PリーグまたはQリーグ代表が、4勝3敗　21回

この結果は、「実力伯仲」、すなわち、1回の試合で勝つ確率が$\frac{1}{2}$であるとき、よく起きることでしょうか？　それとも、実力に差があって、片方が勝つ確率が0.6などのときに起こりうる結果でしょうか？

Pリーグ代表が勝つ確率をpとし、負ける（すなわち、Qリーグ代表が勝つ）確率を$q=1-p$と置きます。

どちらかの代表が、4勝0敗となる確率は、p^4+q^4となります。これは、「Pリーグ代表が4連勝する確率」と「Qリーグ代表が4連勝する確率」の和です。

どちらかの代表が、4勝1敗となるのは、第5試合で勝って決まる、つまり最後は○（勝ち）になるので、△△△△○となるときですが、△のうち3つが○になっているはずです。こうなる場合は、

$${}_4C_3=\frac{4\cdot3\cdot2}{3\cdot2\cdot1}=4$$

で、4通りあります。したがって、こうなる確率は $4\times p^4q+4\times pq^4$ となるのです。

どちらかの代表が、4勝2敗となるのは、最後は勝って決まるはずですから、△△△△△○となるときですが、△のうち、3つが○になっているはずです。こうなる場合は、

$${}_5C_3=\frac{5\cdot4\cdot3}{3\cdot2\cdot1}=10$$

で、10通りあります。したがって、その確率は、$10\times p^4q^2+10\times p^2q^4$ となります。

どちらかの代表が、4勝3敗となるのは、最後はやはり勝っているはずですから、△△△△△△○となるはずです。こうなる場合で、△のうち、3つが○になる場合は、

$${}_6C_3=\frac{6\cdot5\cdot4}{3\cdot2\cdot1}=20$$

で、20通りあります。したがって、その確率は、$20\times p^4q^3+20\times p^3q^4$ となります。

両チームが実力伯仲で、勝つ確率が $\frac{1}{2}$ のときに、結果を予想してみましょう。これらの確率の和は、「どちらかのリーグの代表が優勝する確率」なので、当然、1になります。$q=1-p$ を代入して計算しても確かめられます。

$$p^4+q^4+4p^4q+4pq^4+10p^4q^2+10p^2q^4+20p^4q^3+20p^3q^4=1$$

65回中で、4つの場合それぞれが起きる回数の期待値は、

65にそれぞれの確率を掛けて得られます。

「どちらかのリーグの代表が、4勝0敗」の65回中の期待値は、

$$65 \times (p^4 + q^4)$$

となります。

同様に、「どちらかのリーグの代表が、4勝1敗」の65回中の期待値は、

$$65 \times (4p^4q + 4pq^4)$$

となります。

同様に、「どちらかの代表が、4勝2敗」の65回中の期待値は、

$$65 \times (10p^4q^2 + 10p^2q^4)$$

となります。

同様に、「どちらかの代表が、4勝3敗」の65回中の期待値は、

$$65 \times (20p^4q^3 + 20p^3q^4)$$

となります。

実力伯仲で、両リーグともに勝つ確率が$p = q = 0.5$だとすると、65回中の期待値は表4.10のようになります。また、$p = 0.55$、$p = 0.60$の場合も併せて、実際の結果とともに同じ表に示しておきましょう（四捨五入した数値であることをお断りしておきます）。

確率をいろいろ変えてみると、実際の結果と一番合うのは、$p = 0.5$とした場合であることがわかるのです。つまり、

表 4.10: 日本シリーズでの勝ち方とその場合の回数

勝敗	実際	$p=0.5$	$p=0.55$	$p=0.60$
4勝0敗	7回	8.1回	8.6回	10.1回
4勝1敗	16回	16.3回	16.6回	17.5回
4勝2敗	21回	20.3回	20.1回	19.5回
4勝3敗	21回	20.3回	19.7回	18.0回

セ・リーグ代表とパ・リーグ代表の実力は伯仲していて、どちらも勝つ確率は、$\frac{1}{2}=0.5$ と考えるのが、これまでの実際の結果と一番合うのです。

ところで、「優勝が決まるまでの勝ち負けの（順序も考えた）パターン」はいくつあるでしょうか？　この場合の数は、実は138〜139頁の計算ですでに調べたのでした。

・4勝0敗は1通り
・4勝1敗は4通り
・4勝2敗は10通り
・4勝3敗は20通り

これらを足して、$1+4+10+20=35$ 通りあることになります。

サッカーやラグビーその他、いろいろなスポーツを、確率的に眺めてみると、いろいろ面白い発見があって楽しめるものです。最近は、インターネットでいろいろなデータを知ることができるので便利です。それだけ楽しみも増えているのです。

スポーツで起きるいろいろな確率を計算してみてください。「偶然を味方につける数学的思考力」を磨く練習になるかもしれません。

4.10 スマホゲームと確率

スマホ（スマートフォン）とは、多機能を持つ携帯電話ですが、近年の進化は目覚ましいものがあります。

携帯電話としてだけでなく、インターネットを媒介として、世界中の人とメールもできるし、世界中の人と画像（相手の顔等）を見ながら話ができるし、スポーツの試合の経過も見られるし、テレビも見られるし、電卓や、目覚まし時計にもなるし、買い物も、読書（漫画の本も含め）もできるし……、と、いたれりつくせりです。

そんな中で、特に若い人に人気なのがゲームです。ゲームを始めるのは「基本無料」ですが、例えば、一部の有料のアイテムを購入するとゲームの進行が有利になる、という料金体系がよく採用されています。

算数、数学、英語等の外国語を学ぶ教育的なゲームもありますが、なんといっても、ただ楽しむためのゲームもたくさん開発されています。子供も大人もともに楽しむことができるのです。

そこで繰り広げられる画像の斬新さ、動きの速さには、目を見張るばかりです。

それらの楽しいスマホゲームの原理には、ランダム性、確率が活躍しているのです。古来、ゲームとは、ランダム性を楽しむものでした。決まりきった結果が出るのでは何の興味もわかないからです。期待した事柄がなかなか起きない、いつ起きるかをワクワクして続けるのがゲームです。

個々のゲームタイトルは流行り廃りが激しくて、挙げるときりがありませんが、比較的人気が長続きしているものや、スマホ普及以前からのシリーズの続編として安定して遊ばれているものには、『パズドラ（パズル＆ドラゴンズ)』『ラブライブ！スクールアイドルフェスティバル』『ぷよぷよ!!クエスト』『FINAL FANTASY BRAVE EXVIUS』『星のドラゴンクエスト』『妖怪ウォッチ ぷにぷに』などがあります。

読者はどれかのスマホゲームを楽しんでいるでしょうか？

＞4.10.1 スマホゲームでのガチャ

「ガチャ」とは、おもちゃを購入するシステムの1つで、百円とか数百円でおもちゃを購入するのですが、特徴は、
「数種類のおもちゃのうち、1つを購入する段階では中身が何であるかわからない、開けてみるまで何が入っているかがわからないシステム」
であるという点です。

このようなリアルな「ガチャ」を、スマホのゲームの中で行い、例えば敵を倒すのに使うアイテムを購入するのが、「スマホにおけるガチャ」ということになります。

スマホのガチャでは、架空のコインを使う場合も、本当にお金を支払わなければならない場合もあります。といっても、当たり前ですが、スマホに現金を物理的に入れるわけではありません（お金を使った意識が薄いのに、後でスマホの料金にきちんと加算されるのが注意すべきところです)。

＞4.10.2 ガチャをコンプリートする

1回のガチャでは、ランダムに出てくる1個のアイテムしか獲得できません。数種類のアイテムを全て獲得することが、ガチャを完成させるという意味で、「ガチャをコンプリートする」と言われるわけです。

ここで問題になるのが、ガチャをコンプリートするのに、

何回のガチャを行わなければならないかということです。

わかりやすくサイコロの例で考えてみれば、「サイコロを何回投げれば、⚀から⚅までの目が少なくとも1回以上出現するか」という問題です。

こう考えていくと、「ガチャをコンプリートする」という問題は、昔からある確率計算の問題である、

「The Coupon Collector's Problem（クーポンコレクター問題、あるいは、クーポン収集問題）」

に他ならないことがわかります。

＞4.10.3 クーポンコレクター問題

改めて、「クーポンコレクター問題」を説明しておきましょう。

n種類のクーポンが等確率、すなわち、$\frac{1}{n}$の確率で取り出されるとします。n種類全てのクーポンを獲得するには、平均して何回の取り出しが必要でしょうか？　という問題です。

結果は割合にすっきりしていて、次のようになります。

$$n\sum_{k=1}^{n}\frac{1}{k}$$

この式を確かめるのも、高校数学の範囲です。次のように確かめることができます。

n種類の中で、すでに$j-1$種類が出ていて、次に新しいj種類目が取り出される確率p_jは、次のようになります。

$$p_j=\frac{n-(j-1)}{n}=\frac{n-j+1}{n}$$

n 種類の中で、すでに $j-1$ 種類が出ていて、次に新しい j 種類目が取り出されるまでに試行する回数を X_j とします。$X_j=k$ となる確率は、$k-1$ 回目までは出ない確率に、k 回目に出る確率を掛けて、次のようになります。

$$P(X_j=k)=(1-p_j)^{k-1}p_j$$

このような分布は、一般に、「幾何分布」と呼ばれる分布なのです。

一般に、ある事象 A が 1 回の試行で起きる確率が $p=P(A)$ のとき、この試行を独立に行い、初めて A が起きる回数を表す確率変数 X の分布が幾何分布です。

$$p(n)=P(X=n)=(1-p)^{n-1}p$$

幾何分布のグラフを、$p=0.2$ と $p=0.4$ の場合について示すと、図 4.6 のようになります。

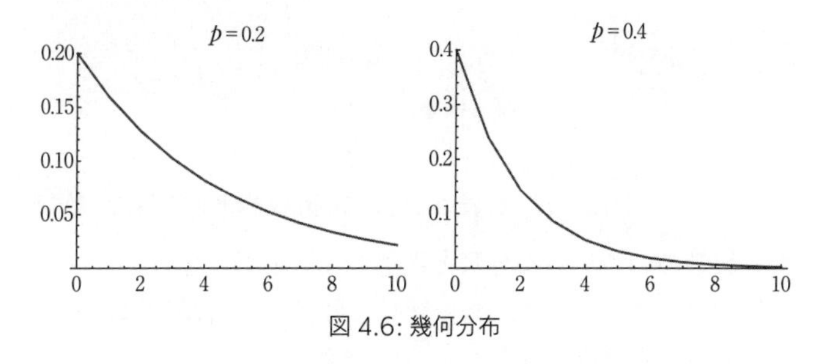

図 4.6: 幾何分布

このような幾何分布する確率変数 X の平均値は次のようになります。

$$E(X)=\frac{1}{p}$$

この証明は、高校数学の範囲でできますが、章末のコラムを参照してください。

さて、幾何分布の平均値の公式を使って、クーポンコレクター問題の平均値は次のように求められます。

n種類の中で、すでに$j-1$種類が出ていて、次に新しいj種類目が取り出されるまでに試行する回数をX_jとしたのでした。n種類を少なくとも1つ以上獲得するまでの試行回数は、$X=X_1+X_2+\cdots+X_n$です。

$$
\begin{aligned}
E(X)&=E(X_1)+E(X_2)+\cdots+E(X_n)\\
&=\frac{1}{p_1}+\frac{1}{p_2}+\cdots+\frac{1}{p_n}\\
&=\frac{n}{n-1+1}+\frac{n}{n-2+1}+\cdots+\frac{n}{n-n+1}\\
&=\frac{n}{1}+\frac{n}{2}+\cdots+\frac{n}{n-1}+\frac{n}{n}\\
&=n\sum_{k=1}^{n}\frac{1}{k}
\end{aligned}
$$

ここで、$\sum_{k=1}^{n}\frac{1}{k}$は、$H_n$と表され、「調和数」と呼ばれる数です。数学のいろいろな分野と関連している数です。

無限にした数H_∞は、調和級数と呼ばれ、各項は0に収束するのに、和は発散するという例です。

$$H_\infty=1+\frac{1}{2}+\frac{1}{3}+\cdots+\frac{1}{n}+\cdots=\infty$$

$n=1$から$n=20$までのクーポンコレクター問題の答え、すなわち、「全てのクーポンを少なくとも1つ獲得する平均

表 4.11: 全てのクーポンを獲得する平均回数

回数	平均回数 $E(X)$	調和数 H_n
1	1.000	1.000
2	3.000	1.500
3	5.500	1.833
4	8.333	2.083
5	11.42	2.283
6	14.70	2.450
7	18.15	2.593
8	21.74	2.718
9	25.46	2.829
10	29.29	2.929
11	33.22	3.020
12	37.24	3.103
13	41.34	3.180
14	45.52	3.252
15	49.77	3.318
16	54.09	3.381
17	58.47	3.440
18	62.91	3.495
19	67.41	3.548
20	71.95	3.598
30	119.8	3.995
40	171.1	4.279
50	225.0	4.499
60	280.8	4.680
70	338.3	4.833
80	397.2	4.965
90	457.4	5.083
100	518.7	5.187
1000	7485	7.485
10000	97876	9.7876

回数」を計算して、表4.11にまとめておきましょう。

$n=6$の場合は、サイコロの場合で、サイコロの目がすべて出るのに必要な回数は、平均して、14.7回であることを意味します。

クーポンが10種類の場合、全てが出そろうまでの平均回数は、29回以上必要です。20種類の場合は、平均して約72回のガチャが必要になるわけです。クーポンが100種類の場合には、何と、平均して約519回もガチャをしなければならないのです。

表4.11はあくまで、「平均回数」に過ぎません。実際にはこの回数より多くガチャをしなければならない場合もたくさんあるわけです。

一例として、クーポンが10種類で、平均回数が29.29回の場合の実際の回数をシミュレーションすると、次のようになります。

10種類のクーポンをすべて、少なくとも1つ獲得するのに要した回数を100個集めた結果です。

37, 35, 24, 22, 39, 35, 25, 32, 35, 29, 37, 29, 36, 19, 58, 24,
29, 26, 20, 32, 21, 35, 23, 46, 39, 23, 26, 26, 30, 20, 17, 26,
29, 38, 26, 36, 37, 49, 13, 26, 25, 52, 24, 24, 26, 45, 23, 17,
35, 19, 44, 31, 23, 19, 28, 31, 27, 39, 14, 51, 36, 20, 19, 20,
31, 30, 38, 19, 29, 15, 12, 27, 30, 41, 27, 42, 26, 35, 35, 21,
28, 29, 29, 34, 34, 77, 21, 18, 36, 27, 26, 25, 19, 16, 33, 27,
23, 40, 33, 27

このシミュレーションの平均値は、29.61回です。最短では、12回でそろった場合がある一方で、最長では、77回かかった場合もあります。公式で求めた平均値が29.29回といっても、これほどばらつきがあるのです。

数字だけではわかりにくいので、グラフに表してみると、図 4.7 のようになります。

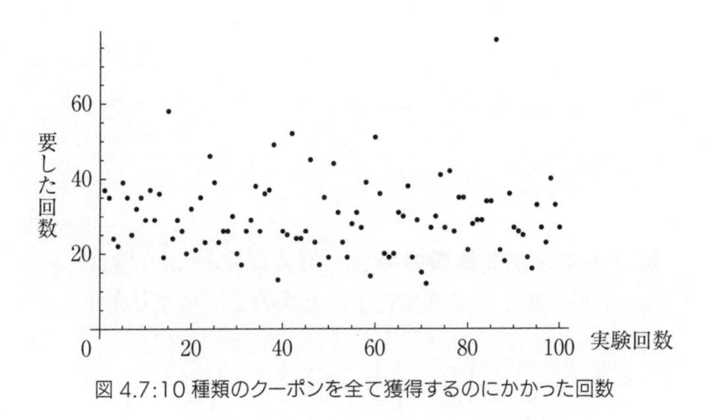

図 4.7:10 種類のクーポンを全て獲得するのにかかった回数

＞4.10.4 等確率でないクーポンコレクター問題

スマホゲームでも、1 回ガチャをやって、出てくるアイテムは等確率とは限りません。時間の経過とともに確率が変化したり、もともとなかなか出てこない（出る確率が極めて小さい）「レアアイテム」が存在したりします。

ここでは、時間経過などによる確率の変化はないものと仮定しますが、クーポンの出る確率が種類毎に不均一な場合を考えます。つまり、「レアアイテム」と、そうでないアイテムが存在する場合を考えるのです。

このような「等確率でないクーポンコレクター問題」についても、全てのクーポンを獲得する回数の期待値について、公式が導かれてきています。例えば、フランス国立情報学自動制御研究所の Web サイトにある http://algo.inria.fr/flajolet/Publications/FlGaTh92.pdf にも紹介され、証明もされています。

ここでは、結果だけを紹介しておきましょう。証明はかなり複雑なので、ここでは省略しておきます。

n種類のクーポンの出現する確率を、$(p_1, p_2, \cdots, p_n)$としします。また、$P_J = \sum_{j \in J} p_j$とします。全てのクーポンを獲得する回数の平均値は次の式で表せます。

$$E(X_n) = \sum_{q=0}^{n-1} (-1)^{n-1-q} \left(\sum_{|J|=q} \frac{1}{1-P_J} \right)$$

■クーポンが3種類の場合　例えば、$n=3$の場合、$q=0$、$q=1$、$q=2$として具体化すると次のようになります。

$$E(X_3) = 1 - \frac{1}{1-p_1} - \frac{1}{1-p_2} - \frac{1}{1-p_3} + \frac{1}{1-p_1-p_2} + \frac{1}{1-p_2-p_3} + \frac{1}{1-p_3-p_1}$$

例として、$p_1 = \frac{1}{9}$、$p_2 = \frac{4}{9}$、$p_3 = \frac{4}{9}$として当てはめると、$E(X_3) = 9.775$となります。

シミュレーションで100回確かめてみると、次のようになります。

5, 5, 6, 7, 4, 3, 7, 3, 4, 7, 8, 3, 17, 3, 12, 18, 9, 6, 9, 35, 6, 5, 8, 6, 5, 7, 26, 7, 16, 20, 12, 6, 10, 6, 6, 21, 6, 6, 13, 3, 46, 16, 10, 15, 8, 4, 4, 4, 3, 3, 4, 8, 5, 6, 4, 6, 6, 5, 18, 4, 21, 6, 7, 9, 6, 7, 10, 11, 25, 4, 19, 4, 5, 7, 6, 4, 23, 6, 15, 3, 14, 6, 3, 4, 33, 3, 22, 3, 9, 16, 8, 4, 3, 6, 5, 5, 12, 5, 27, 11

平均値は9.775でも、最長で46回もかかっている場合もあり、最短では3回でコンプリートしている場合もあります。この100回のシミュレーションの平均値は、9.42で、理論値の9.775に近い値となっています。

数字だけではわかりにくいので、グラフに表すと図4.8のようになります。

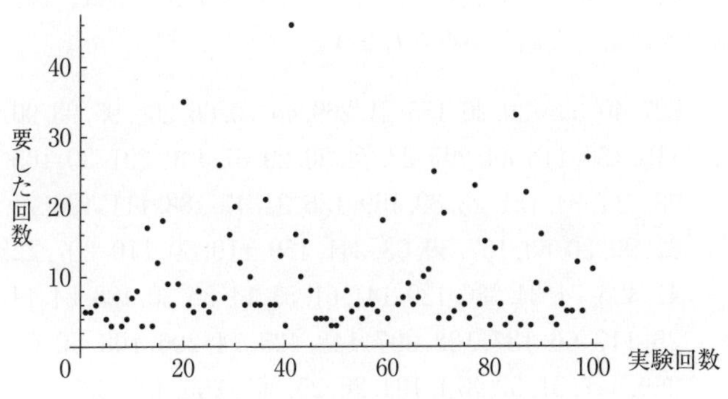

図 4.8:3 種類のクーポンを全て獲得するのにかかった回数

■クーポンが10種類の場合　クーポンが10種類ある場合で、全てが等確率、すなわち$p=\frac{1}{10}$のときには、全てのクーポンを獲得するのに要する平均の回数は、前に述べた通り、29.29回でした。

今度は、レアなクーポンを含めて全10種類があって、確率が次のように1種類だけ1%、その他9種類は均一、となっている場合を調べてみましょう。

$$p_1=0.01$$
$$p_2=p_3=p_4=p_5=p_6=p_7=p_8=p_9=p_{10}=0.11$$

10個の場合の一般の公式は、書くだけで数ページに及ぶので、ここでは省略せざるを得ませんが、この場合の平均回数の結果は次のように求められます。

$E(X_{10}) = 105.512$

レアアイテムがあるために、全てをそろえるのに、平均して105回もガチャをする必要があるわけです。

これを、実際に実験してみたシミュレーションでは、例えば、次のような回数が得られます。

227, 40, 53, 129, 26, 155, 21, 269, 45, 70, 66, 206, 95, 93, 90, 110, 156, 118, 44, 295, 22, 74, 30, 29, 67, 140, 391, 30, 105, 98, 311, 84, 121, 23, 89, 169, 136, 31, 47, 188, 111, 120, 77, 81, 90, 30, 63, 167, 59, 63, 341, 159, 119, 50, 110, 207, 22, 41, 426, 74, 34, 386, 129, 141, 61, 53, 14, 30, 30, 128, 24, 14, 25, 117, 66, 137, 128, 297, 148, 425, 74, 206, 108, 50, 67, 369, 447, 51, 52, 374, 134, 26, 25, 265, 266, 439, 323, 230, 56, 183

このシミュレーションの平均値は、130.35回となります。最小で、14回でそろいますが、運が悪いと447回目にようやくそろうこともあるわけです。

100回のシミュレーションの結果をグラフでも示しておきましょう（図4.9)。ずいぶんとばらつきがあることがわかります。

10種類のアイテムが等確率で得られる場合、全てのアイテムをコンプリートする平均回数は29回でしたが、確率0.01でしか得られない「レアアイテム」がある場合は、全てのアイテムをコンプリートする平均回数は105回まで跳ね上がってしまうことになります。しかも、これは平均の回数であり、運が悪いと447回もかかってしまいます。1回が300円と少額でも、300円×447回＝134100円、つまり、13万円

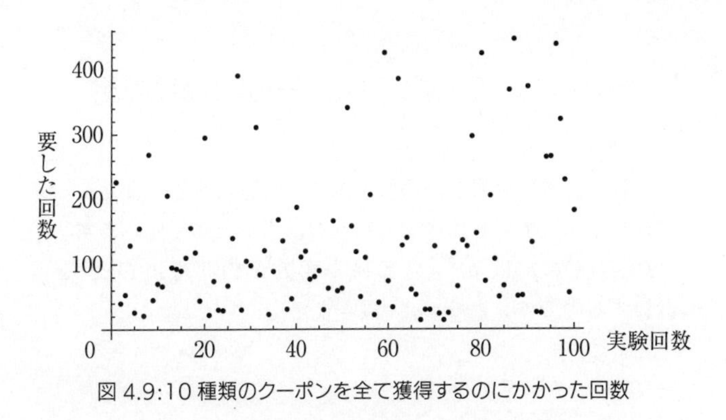

図 4.9:10 種類のクーポンを全て獲得するのにかかった回数

以上も払うハメになるわけです。

ゲームは人生を楽しくするものですが、思わぬ出費に陥らないよう注意しながら、うまく付き合っていきたいものです。

第４章コラム　クーポンコレクターの平均値の証明

これは、幾何分布の平均値を求める問題に他なりません。高校で学ぶ、無限等比級数の和Sを求める公式を使います。

$P(X=k)=p(1-p)^{k-1}$なる確率変数Xの期待値$E(X)$を計算するのです。$1-p=q$と置きます。

$$E(X)=S=\sum_{k=1}^{\infty}k\times p(1-p)^{k-1}$$

$$=p[1+2q+3q^2+4q^3+\cdots]$$

$$qS=p[q+2q^2+3q^3+4q^4+\cdots]$$

$$S-qS=p[1+q+q^2+q^3+\cdots]$$

$$(1-q)S=p\times\frac{1}{1-q}=p\times\frac{1}{p}=1$$

$$S=\frac{1}{1-q}=\frac{1}{p}$$

第5章

事前確率の意外性・ベイズの定理

5.1 裁判での証言が正しい確率

冤罪事件は後をたたずに頻発して起きています。凶悪な殺人事件にしても、警察も、検察も、無実の人を犯人と断定して捜査し、さらには裁判所までもが有罪の判決を下して、何十年と服役させられる人がいます。

十年、数十年後に真実が解明されて釈放される人もいますが、裁判の当時に有罪の決め手となったのは、「証言」だけだったりするのです。証人が嘘の証言をしていたことが判明して、無実が証明されたりすることがあります。

裁判ではこのような証人の証言は重要なのですが、「証人の証言はどのくらい信頼できるのだろうか？」が、ここでの課題なのです。

5.2 事故を起こしたタクシーの色を識別できる確率

よく引き合いに出されるのが、ある町で、雨の深夜に起きた、タクシーのひき逃げ死亡事故の証言です。事故を目撃したという人が、

「事故を起こしたのは赤色のタクシーでした」

と証言したのです。この証言はどのくらいの確率で信頼できるだろうか？を考えてみましょう。

裁判では、この証人の「タクシーの色の判別能力」が調査されました。雨が降っている深夜、という同じ条件で調査が繰り返し行われたのです。

話を簡単にするために、この町を当日の深夜走っていたタクシーの色は、赤か青に限定されているということはわかっているとします。

この深夜に、町を走っていたタクシーの色は、赤色が2割、青色が8割であったことが調査でわかっています。

調査の結果、この証人のタクシーの色の識別能力について、赤と青を正しく識別できる確率は、0.8（80%）であることがわかったとしましょう。つまり、表5.1のような結果になったのです。

表5.1: タクシーの色の識別確率

本当の色	識別した色	確率
赤	赤	0.8
赤	青	0.2
青	青	0.8
青	赤	0.2

以上の条件から、この証人が、「事故を起こしたタクシーは赤色」と証言したとき、この証言の信頼確率を求めようというのです。

＞5.2.1 識別できる確率は「証言が正しい確率」ではない

このとき、
「証人の色の識別確率が80%なのだから、証言の信ぴょう性の確率も80%だろう」
と考える人が多いのではないでしょうか？

実は、この考えは間違っているのです。正しい考え方と計算を紹介しておきます。

大前提は、「証人が赤と証言した」という事実です。このような事象は、どのくらいの確率で起きるかを計算する必要があります。

「証人が赤と証言する」場合は、実は2通りあって、

・「本当に赤で、赤と正しく識別」した場合
・「本当は青で、赤と誤って識別」した場合

があるのです。

「本当に赤」が走っている確率は、当時のその町のタクシーの色の割合、0.2です。「赤を赤と正しく識別」する確率は0.8ですから、「本当に赤で、赤と識別」した確率は、$0.2\times0.8=0.16$となります。

同じ考えで、「本当は青で、赤と誤って識別」した確率は、$0.8\times0.2=0.16$となります。

「赤と識別」する確率は、この両者を加えて、$0.16+0.16=0.32$となるのです。

さて、この中で、「本当に赤で、赤と識別」する確率はどのくらいの割合かを調べることが必要です。

$$\frac{\text{「本当に赤で、赤と識別」}}{\text{「赤と識別」}}=\frac{0.16}{0.32}=\frac{1}{2}=0.5$$

ということになるのです。この証人の識別能力の確率である0.8よりも、かなり小さいことがわかります。

「正しく識別する確率が80%もあるのだから信用しよう」と考えてはいけないのです。この場合には、「証人の判断が正しいか間違っているかは、五分五分なのだから、あまりあてにしないでおこう」と考えるのが妥当なのです。

正しい識別確率0.8が、証言が信用できる確率0.5に下がった理由の1つは、その日の深夜に町を走っていたタクシーは、青が8割もいたのに対して、赤がいたのは、2割しかないということが影響しています。

もともと赤色のタクシーは少なかったのに、「赤」と証言

したことは信頼性が低くなる原因になるのです。

＞5.2.2 ベイズの定理

実は、このようなことが起きるのには、確率論で言うところの「ベイズの定理」が関係しています。

もともとの色を「事前の事象」と呼び、判断した結果の事象を「事後の事象」と呼びます。事後の結果から事前の事象が起きている確率を求めているので、「事前確率の計算」をしていると言われます。ここに「ベイズの定理」が登場します。

以下、「ベイズの定理」の一般論について解説しておきましょう。

事前の事象が、1回目の試行で $A_1, A_2, \cdots, A_n$ の n 通りあるとします。それぞれの確率を、$p_1=P(A_1), p_2=P(A_2), \cdots, p_n=P(A_n)$ とします。

この試行に引き続いて、2回目の試行で、事後の事象 E_1、E_2 のどれかが起きるとするのです。簡単のために、事後の事象は2つだけにしてありますが、いくつあっても同じです。

事前の事象として A_i が起きたときという条件の下で、事後の事象 E_1 と E_2 が起きる「条件付き確率」を、次のように表しましょう。

$$P_{A_i}(E_1)=\frac{P(A_i \cap E_1)}{P(A_i)}=q_{i1}$$

$$P_{A_i}(E_2)=\frac{P(A_i \cap E_2)}{P(A_i)}=q_{i2}$$

事後の事象 E_1 が起きる確率は次のように表せます。

$$\begin{aligned}P(E_1)&=P(A_1\cap E_1)+P(A_2\cap E_1)+\cdots+P(A_n\cap E_1)\\&=P(A_1)P_{A_1}(E_1)+P(A_2)P_{A_2}(E_1)+\cdots+P(A_n)P_{A_n}(E_1)\\&=p_1\cdot q_{11}+p_2\cdot q_{21}+\cdots+p_n\cdot q_{n1}\end{aligned}$$

事後の事象 E_2 が起きる確率は次のように表せます。

$$\begin{aligned}P(E_2)&=P(A_1\cap E_2)+P(A_2\cap E_2)+\cdots+P(A_n\cap E_2)\\&=P(A_1)P_{A_1}(E_2)+P(A_2)P_{A_2}(E_2)+\cdots+P(A_n)P_{A_n}(E_2)\\&=p_1\cdot q_{12}+p_2\cdot q_{22}+\cdots+p_n\cdot q_{n2}\end{aligned}$$

これだけ準備すると、事後の結果が E_1 であったという条件での、事前に A_i が起きていた条件付き確率（事前確率）は、次のように表せることになります。

$$\begin{aligned}P_{E_1}(A_i)&=\frac{P(A_i\cap E_1)}{P(E_1)}\\&=\frac{P(A_i\cap E_1)}{P(A_1)P_{A_1}(E_1)+P(A_2)P_{A_2}(E_1)+\cdots+P(A_n)P_{A_n}(E_1)}\\&=\frac{p_1\cdot q_{11}}{p_1\cdot q_{11}+p_2\cdot q_{21}+\cdots+p_n\cdot q_{n1}}\end{aligned}$$

また、事後の結果が E_2 であったという条件での、事前に A_i が起きていた条件付き確率（事前確率）は、次のように表せます。

$$\begin{aligned}P_{E_2}(A_i)&=\frac{P(A_i\cap E_2)}{P(E_2)}\\&=\frac{P(A_i\cap E_2)}{P(A_1)P_{A_1}(E_2)+P(A_2)P_{A_2}(E_2)+\cdots+P(A_n)P_{A_n}(E_2)}\end{aligned}$$

$$= \frac{p_1 \cdot q_{12}}{p_1 \cdot q_{12} + p_2 \cdot q_{22} + \cdots + p_n \cdot q_{n2}}$$

これが、「ベイズの定理」です。

高等学校ではこの定理は扱わないのですが、大学の入学試験には時々出題されます。ベイズの定理を知らなくても正解に達することはできますが、知っていると容易に正解できるのです。予備校ではきちんと教えていることがよくあります。

5.3 囚人が恩赦になる確率（喜びもつかの間）

「恩赦」というのは、裁判所が決定した刑事裁判の結果を、国王や政府や議会の権限で変更して、刑を消滅させたり軽減したりする制度のことです。国全体で祝賀する行事があるとき等に、お祝いとして行われることが多いのです（現代では、判決が誤っていた場合に受刑者を救済する、といった役割も果たしています）。

その歴史や、制度を明文化した「恩赦法」を調べたり、その歴史や各国での制度の違い等を調べたりするのは興味があるところですが、ここではそれらについては封印し、もっぱら、確率の問題として間違いやすい例を紹介しましょう。

有名な問題ですが、内容は次のようなものです。

5.3.1 3囚人の問題

今、3人の死刑が確定している囚人（A、B、C）がいて、3人のうち1人が恩赦で釈放されることになったとします。3人の誰が恩赦の対象になって釈放されるかは、最初はわからないので、Aが釈放される確率は$\frac{1}{3}$、Bが釈放される確率も$\frac{1}{3}$、Cが釈放される確率も$\frac{1}{3}$です。

誰が恩赦の対象に選ばれるか、明日の発表を前に、囚人Aが、看守に頼みました。誰が恩赦になるか、看守は既に知っているのですが。

「看守さんよ。3人のうち、恩赦になるのは1人だけで、2人は恩赦にならないのだから、BとCのうち、恩赦にならない人を教えてくれても構わないでしょう。どちらが恩赦にならないかを教えてくれませんかね？」

看守は、

「それももっともだ、Aに教えても害はないだろう」

と考えて、囚人Aに、

「囚人Bは恩赦にはならないで死刑だよ」

と、Aに教えてやりました（賄賂を受け取る約束をしたかどうかはわかりませんが）。

これを聞いた囚人Aは、「恩赦になるのは、AかCとなったから、恩赦になる確率は$\frac{1}{2}$になった」と考えたのです。

「確率が、$\frac{1}{3}$から、$\frac{1}{2}$に上がった」

と叫んで、小躍りして喜んだ……という筋書きです。果たして、この囚人の判断は正しいのか？　という問題です。

確かに、囚人Bが恩赦にならないと聞いたとき、恩赦になるのは、AかCだけになったのは事実です。

しかし、結論から言うと、囚人Aの考えは間違っているのです。看守が「Bは恩赦されない」と告げるという構造全体を理解しなくてはならないからです。

「看守が囚人Bが恩赦にならないと告げる」という条件の下で、「囚人Aが恩赦になる」という、「条件付き確率」を求めなければならないのです。

それは、次のように計算するべきです。

$$P_{「看守が B は恩赦でないと告げる」}(A が恩赦になる)$$

$$=\frac{P(「Aが恩赦になる」\cap「看守がBは恩赦でないと告げる」)}{P(「看守がBは恩赦でないと告げる」)}$$

$$=\frac{P(「A恩赦」)P_{「A恩赦」}(「看守がBは死刑と告げる」)}{P(A恩)P_{(A恩)}(B死告)+P(B恩)P_{(B恩)}(B死告)+P(C恩)P_{(C恩)}(B死告)}$$

ここで、「Aが恩赦」のとき、看守は確率$\frac{1}{2}$で、「Bは死刑」と告げることが暗黙のうちに想定されているとしています。

$$P(A 恩赦)P_{「A 恩赦」}(B は死刑と告げる)=\frac{1}{3}\times\frac{1}{2}=\frac{1}{6}$$

$$P(B 恩赦)P_{「B 恩赦」}(B は死刑と告げる)=\frac{1}{3}\times 0=0$$

$$P(C 恩赦)P_{「C 恩赦」}(B は死刑と告げる)=\frac{1}{3}\times 1=\frac{1}{3}$$

これらを代入して、

$$P_{「看守が B は恩赦でないと告げる」}(A が恩赦になる)$$

$$=\frac{\frac{1}{6}}{\frac{1}{6}+0+\frac{1}{3}}$$

$$=\frac{1}{3}$$

となります。

「計算ではそうかもしれないが……」と納得できない人もい

るでしょう。そういう人のためには、看守が、「Bは恩赦にならない」と告げるプロセスを考えるために、多数回の実験を行えばよいのです。少なくとも、仮想的な思考実験をしてみるのが有益です。

例えば、600回の試行を想定してみましょう。囚人A、B、Cそれぞれが恩赦になる回数は、200回、200回、200回に近い（相対的には）はずです。

囚人Aが恩赦になる場合が問題で、このときに、看守が「Bが死刑」と言う場合と、「Cが死刑」と言う場合とは相対的には等しいので、100回、100回と考えてよいでしょう。

誤解する人や不思議に思う人は、ここで間違えます。Aが恩赦になるとき、看守は自動的に「Bは恩赦にならない」と言うわけではありません。

「Cが恩赦」となる場合は、看守は200回全てで、「Bは恩赦にならない」と告げなければならないのです。

「Bが恩赦」となる場合は、看守は、「Bは恩赦にならない」とは言えません。

以上の分析から、600回の試行の中で、「看守が、Bは恩赦にならない」と告げる回数は、$100+200=300$回しかないのです。この中で、「Aが恩赦」となる場合は、100回しかありません。

このような思考実験でも、「看守が、Bは恩赦にならない」と告げた条件下で、「Aが恩赦」となる確率は、$\frac{100}{300}=\frac{1}{3}$となります。

いずれにしても、囚人Aが、「恩赦になる確率が高くなった」と喜んだのは、間違っていたわけです。

＞5.3.2 変形 3 囚人問題

変形3囚人問題というのは、普通の3囚人問題の確率を少し変えた問題です。例えば、囚人Aが恩赦になる確率を $\frac{1}{4}$、囚人Bが恩赦になる確率を $\frac{1}{4}$、囚人Cが恩赦になる確率を $\frac{1}{2}$ とします。

このような設定の下で、「看守が『囚人Bは恩赦にならない』と告げたとき、囚人Aが恩赦になる確率はどのくらいか」というのが、変形3囚人問題です。

この問題に対する誤答の多くは、$\frac{1}{3}$ とするものです。その理由を聞くと、

「囚人Bが恩赦にならないことがわかった以上、囚人AとCの恩赦になる確率は、1：2なのであるから、囚人Aが恩赦になる確率は $\frac{1}{3}$ になる」

と言う人が多いのです。

しかし、この考えは間違っており、正解は次のように計算しなければなりません。

$$P_{\text{「看守が}B\text{は恩赦でないと告げる」}}(A\text{が恩赦になる})$$

$$=\frac{P(\text{「}A\text{が恩赦になる」}\cap\text{「看守が}B\text{は恩赦でないと告げる」})}{P(\text{「看守が}B\text{は恩赦でないと告げる」})}$$

$$=\frac{P(\text{「}A\text{恩赦」})P_{\text{「}A\text{恩赦」}}(\text{「看守が}B\text{は死刑と告げる」})}{P(A\text{恩})P_{(A\text{恩})}(B\text{死告})+P(B\text{恩})P_{(B\text{恩})}(B\text{死告})+P(C\text{恩})P_{(C\text{恩})}(B\text{死告})}$$

ここで、「Aが恩赦」のとき、看守は確率 $\frac{1}{2}$ で、「Bは死刑」と告げることが暗黙のうちに想定されているのは前と同じです。

$$P(A\,恩赦)P_{「A\,恩赦」}(B\,は死刑と告げる)=\frac{1}{4}\times\frac{1}{2}=\frac{1}{8}$$

$$P(B\,恩赦)P_{「B\,恩赦」}(B\,は死刑と告げる)=\frac{1}{4}\times 0=0$$

$$P(C\,恩赦)P_{「C\,恩赦」}(B\,は死刑と告げる)=\frac{1}{2}\times 1=\frac{1}{2}$$

これらを代入して、

$$P_{「看守が\,B\,は恩赦でないと告げる」}(A\,が恩赦になる)$$

$$=\frac{\frac{1}{8}}{\frac{1}{8}+0+\frac{1}{2}}$$

$$=\frac{1}{5}$$

となります。囚人Aは、「恩赦になる確率が増えた」と、喜ぶどころか、「恩赦になる確率が減ってしまう」のです。囚人Aは、看守に、「BとCのどちらが恩赦にならず死刑のままか」などと、聞かない方がよかったというわけです。

5.3.3 認知心理学での研究

認知心理学の分野では、3囚人の問題はよく研究されています。

直感的な、主観的な確率と、きちんと計算した規範解とが乖離(かいり)するのはどうしてか？　という視点から研究が行われてきています。

ここでは、小林厚子「確率判断の認知心理（1）」（『東京成徳大学研究紀要』（1998）第5号、89～100頁）という論文にある、アンケート結果を紹介しておきましょう。この論文は、インターネットから探して、だれでも読むことができます。

ここでは、普通の3囚人問題と、変形3囚人問題の両方について、A、Bという2種類のアンケートが行われています。

論文では、アンケートAを次のように作成して調べています（アンケートでは、普通の3囚人問題が［1］として、変形3囚人問題が［2］として、計2題出題されています。ここでは［2］の問題文は省略します）。

確率判断についてのアンケート（A）

これは確率についての考え方を研究するための調査です。ご協力をお願いします。問題は難しくありませんがよく考えて回答してください。

［1］：3人の囚人、A、B、Cは死刑が決まっているが、クリスマスの日に一人だけ恩赦になる人がいる。誰が恩赦になるかは裁判官がA、B、Cと書かれたカード3枚から1枚をランダムにひくことによって決めるという。すなわち3人それぞれが釈放される確率は$\frac{1}{3}$で等しい。

$$\boxed{A}\frac{1}{3}\quad\boxed{B}\frac{1}{3}\quad\boxed{C}\frac{1}{3}$$

囚人Aが「BとCのどちらかは必ず処刑されるのだから死刑になる一人を教えてくれても構わないだろう。死刑になる一人を教えてくれないか」と看守に頼んだ。
Aが恩赦になるときは、看守は、B、Cどちらかを選んでAに告げるのであるが、確率$\frac{1}{2}$で、つまり半々で「Bは処刑されるよ」か「Cは処刑されるよ」と告げるとする。

Bが恩赦になるときは自動的に「Cは処刑されるよ」と告げ、Cが恩赦になるときは自動的に「Bは処刑されるよ」と告げるものとする。
看守はしばらくして戻ってきて、「Bは処刑されるよ」と告げた。

「Bは処刑されるよ」と聞いたとき、囚人Aが恩赦になる確率は次のいずれであろうか？

1. $\frac{1}{3}$　　2. $\frac{1}{2}$　　3. その他

普通の3囚人問題の提起に対して、文系大学生142人の回答結果は表5.2のようであったということです。

表5.2:3囚人問題のアンケートAの結果

予想した確率	$\frac{1}{3}$	$\frac{1}{2}$	その他
人数	20人	108人	14人
割合	0.14	0.76	0.10

囚人Aと同じように、Aが恩赦になる確率は、$\frac{1}{3}$から、$\frac{1}{2}$に高くなったと考えた人が76%もいるのです。

上では問題文を省略しましたが、変形3囚人問題への回答は、表5.3のようになっていました。

表5.3: 変形3囚人問題のアンケートAの結果

予想した確率	$\frac{1}{5}$	$\frac{1}{4}$	$\frac{1}{3}$	$\frac{1}{2}$	その他
人数	1人	28人	101人	6人	6人
割合	0.01	0.20	0.71	0.04	0.04

正解は1人しかおらず、71%の人は、$\frac{1}{3}$と答えています。

このように誤答が多いのは、中学や高校で、確率といえば「場合の数を計算すること」、という指導が行われているからです。

確率とは、多数回の試行における相対頻度の安定していく値のことであるということが確認されれば、

「多数回の実験をしたと想定してみよう。例えば、500回試行したと考えてみよう」

と誘導することによって、正答率は大きく変わってくるのではないかと仮説が立てられます。この論文では、この点を調べているのです。

論文では、また、アンケートBを次のように作成して調べています（アンケートAと同様、変形3囚人問題［2］の問題文は省略します）。

確率判断についてのアンケート（B）

これは確率についての考え方を研究するための調査です。ご協力をお願いします。
問題は難しくありませんがよく考えて回答してください。

サイコロを投げたとき6の目が出る確率が$\frac{1}{6}$と定められるのは、サイコロを多数回投げたとき6の出る割合がほぼ$\frac{1}{6}$に近いという客観的事実に基づいている。たとえば「600回投げたときおよそ100回くらいの割合で6の目が出る」と考えるとわかりやすい。
［1］：3人の囚人、A、B、Cは死刑が決まっているが、クリスマスの日に一人だけ恩赦になる人がいる。誰が恩赦になるかは裁判官がA、B、Cと書かれたカード3枚から1枚をランダムにひくことによって決めるという。すなわち3人それぞれが釈放される確率は

$\frac{1}{3}$で等しい。

$$\boxed{A}\frac{1}{3}\quad\boxed{B}\frac{1}{3}\quad\boxed{C}\frac{1}{3}$$

裁判官がたとえば300回カードを引いたとすると次のそれぞれはおよそ何回起こるだろうか？

1. Ａが恩赦になり、Ｂ、Ｃが処刑される。
2. Ｂが恩赦になり、Ａ、Ｃが処刑される。
3. Ｃが恩赦になり、Ａ、Ｂが処刑される。

囚人Ａが「ＢとＣのどちらかは必ず処刑されるのだから死刑になる一人を教えてくれても構わないだろう。死刑になる一人を教えてくれないか」と看守に頼んだ。
Ａが恩赦になるときは、看守はＢ、Ｃどちらかを選んでＡに告げるのであるが、確率$\frac{1}{2}$で、つまり半々で「Ｂは処刑されるよ」か「Ｃは処刑されるよ」と告げるとする。
Ｂが恩赦になるときは自動的に「Ｃは処刑されるよ」と告げ、Ｃが恩赦になるときは自動的に「Ｂは処刑されるよ」と告げるものとする。
看守はしばらくして戻ってきて、「Ｂは処刑されるよ」と告げた。
Ａが恩赦になるとき、看守が「Ｂは処刑されるよ」と答える場合は何回あるだろうか？
Ｂが恩赦になるとき、看守が「Ｂは処刑されるよ」と答える場合は何回あるだろうか？
Ｃが恩赦になるとき、看守が「Ｂは処刑されるよ」と答える場合は何回あるだろうか？

1. 2. 3. あわせて看守が「Ｂは処刑されるよ」と答える場合はおよそ何回あるだろうか？
その中でＡが恩赦になっている場合は何回あるだろうか？

以上のことを参考にして次の問いに答えてください。

「Bは処刑されるよ」と聞いたとき、囚人Aが恩赦になる確率は次のいずれであろうか？

1. $\frac{1}{3}$　2. $\frac{1}{2}$　3. その他

アンケートBの回答結果は、劇的な変化を示しています。同じ大学の同じ学部の学生で、前の人と別の231人について聞いた結果は表5.4のようになっていました。

表5.4:3囚人問題のアンケートBの結果

予想した確率	$\frac{1}{3}$	$\frac{1}{2}$	その他
人数	148人	43人	40人
割合	0.64	0.19	0.17

正解率が、14%から64%に大きく向上しています。多少、誘導尋問的なアンケートと思われる人もいるかもしれませんが、このアンケート結果は、確率の意味を、
「多数回の試行での相対頻度の安定していく値（具体的に300回の試行とか）を想定してみることで考える」
というヒントで、正解にたどりつけることを示しています。

この論文では、変形3囚人問題についても（上では省略した問題文［2］）、確率の意味を明確にした上で、231人に対するアンケートを実施していて、結果は表5.5のようになったといいます。

変形3囚人問題でも、正解率は、1%から56%へと大きく向上していることがわかります。

確率の意味を明確に説明しないまま3囚人の問題、変形3

表 5.5: 変形 3 囚人問題のアンケート B の結果

予想した確率	$\frac{1}{5}$	$\frac{1}{4}$	$\frac{1}{3}$	$\frac{1}{2}$	その他
人数	130 人	13 人	35 人	12 人	41 人
割合	0.56	0.06	0.15	0.05	0.18

囚人問題を与えて、「直感的確率と、規範解はなぜ乖離するのか？」と研究しても意味がないことを示している、画期的な論文と言えるでしょう。

第５章コラム　モンティー・ホール問題

数学者も惑わせた面白い問題として知られているのが、モンティー・ホール問題です。アメリカのテレビのクイズ番組で、最後に勝ち残った挑戦者が挑戦する課題でした。

問題の設定はこうです。

挑戦者の前には３つの部屋があり、どれか１つの部屋に高級車が入っていて、他の２つにはヤギ（ハズレ）が入っているという仕掛けです。

挑戦者はどれか１つの部屋を選択できます。そして、司会者のモンティーが、選ばれなかった部屋２つのうち１つを開けて、ヤギが入っていることを見せます。

この時点で、挑戦者は最初に選択した部屋から、残っている１つの部屋へ選択を変更することもできます。さあ、最初に選択した部屋を変更するべきかそのままにするべきか、どちらが有利でしょうか？　という問題なのです。

読者は、以下を読まないで考えてみてください。

ただし、前提をはっきりさせておく必要があります。司会者モンティーは、どの部屋にヤギが入っていて、どの部屋に高級車が入っているかは知っているとします。

問題は、挑戦者が「最初の選択を変更しない方針で高級車が当たる確率」と「最初の選択を変更するという方針で高級車が当たる確率」を求めるという問題です。

この問題に答えるのに、ハンガリーの有名な数学者であった、ポール・エルデシュ（1913年～1996年）までもが間違えた、という逸話が残っています。

問題の正解は、「変えない方針で当たる確率は$\frac{1}{3}$」であり、「変える方針で当たる確率は$\frac{2}{3}$であり、変えた方が2倍の高い確率で高級車が当たる」というものです。

私事で恐縮ですが、筆者が、以前この問題をテレビの教養番組で扱い、スタッフが銀座の道行く人に実験してもらったのですが、結果はもちろん「はじめの選択を変更して当たった」という人が多かったのでした。

この結果は、実際に実験をしてみると正解がすぐにわかるようになるのです。中学校の授業で、実際に生徒に実験させた先生の授業を見たこともありますが、生徒はしばらくすると、実験結果が出る前にカラクリに気がつき、正解にたどり着くことが多いのです。

読者のみなさんも是非実験してみてください。2人でペアになり、挑戦者と司会者の役割を演じて。

最後に、中学生でもカンタンにわかってしまう正解の考え方を紹介しておきましょう。

1. 「はじめの選択を変更しない」という方針の場合……この場合、高級車を当てられる確率は、3つの中から高級車の部屋を選ぶ場合ですから、確率は $\frac{1}{3}$ です。

2.「はじめの選択を変更する」という方針の場合……はじめにヤギの部屋を選択していれば、残りの部屋には必ず高級車が入っているのです。モンティーがヤギの部屋をひとつ開けてくれているので、残りの2つの部屋には、ヤギか高級車が入っているのですから。

ですから、「変更して高級車が当たる」というのは、「最初にヤギの部屋を選択している」と同じことです。

ですから、「変更して高級車が当たる確率」は、「最初にヤギの部屋を選択しておく確率」ということになり、確率は $\frac{2}{3}$ となるからです。

著名な数学者が間違えたというのは、問題が整理されていなくて、途中から参加したときの状況で、

「1つの部屋を開けたらヤギでした。残りの2つにはヤギか、高級車が入っています。どちらを選択するのが有利ですか」

という問題と、誤解したのです。

確率を考える状況や設定が変われば確率の値も変わってくるわけです。

問題をきちんと提示すれば、数学者が間違えるような問題ではありませんでした。

第6章

二項分布と中心極限定理

世の中の多くのランダムな量は、釣鐘状の形をした「正規分布」をすることが多いのですが、そのことを示しているのが「中心極限定理」です。

はじめは、硬貨の表裏やサイコロの目の出方の分布である「二項分布」から正規分布へ移行する様子を調べてみます。

6.1 順列と組合せ

二項分布の準備のために、順列と組合せの復習をしておきましょう。

＞6.1.1 順列

5個の文字、a, b, c, d, e から、3個の文字を選んで並べる方法が何通りあるかを考えてみます。

最初に持ってくる文字としては、5通りが可能です。その1つ1つに対して、次に並べる文字は4通りしかありません。

ab, ac, ad, ae
ba, bc, bd, be
……

この中の1つ、ab に対し、3番目に来る文字は、c, d, e の3通りです。

というわけで、全部の並べ方の個数は次のようになります。

$$5\times4\times3=60$$

この数を、「5個の異なるものから3個選んで並べる順列の数」といって、次の記号で表します。

$${}_5P_3 = 5 \times 4 \times 3$$

5個の文字を全部使って並べる順列の数は次のようになります。

$${}_5P_5 = 5 \times 4 \times 3 \times 2 \times 1 = 5!$$

5! は、「5の階乗」と読みます。

一般に、n 個の異なるものから r 個を選んで並べる順列の数は次のように表せます。

$${}_nP_r = n \times (n-1) \times (n-2) \times \cdots \times (n-r+1)$$

＞6.1.2 組合せ

高橋、金子、佐藤、斎藤、鈴木の5人のグループがキャンプに行ったとします。ここから今日の炊事係3人を選び出す方法が何通りあるかを考えてみましょう。

高橋、斎藤、鈴木の3人を選んだとき、その選び方の順序は関係がありません。しかし、参考までに、5人から3人を選んで並べる方法を考えてみると、${}_5P_3 = 5 \times 4 \times 3 = 60$ 通りであることがわかります。

この中には、高橋、斎藤、鈴木の順番が変わっただけのものが全部数えられているはずです。3人の順序を変えた並べ方は、${}_3P_3 = 3! = 3 \times 2 \times 1 = 6$ 通りです。
「順序を考えない選び方の個数」は、60通りの中で、6通りを1セットに数えることですから、「6通りのセット」がいくつ入っているかを求めればよいはずです。

$$\frac{60}{6}=\frac{{}_5\mathrm{P}_3}{{}_3\mathrm{P}_3}$$

この数を、「5人から3人を選び出す組合せの数」といって、次の記号で表します。

$${}_5\mathrm{C}_3=\frac{{}_5\mathrm{P}_3}{{}_3\mathrm{P}_3}=\frac{60}{6}=10$$

一般に、n 個の異なるものから r 個を選び出す組合せの数は、次のように表せます。

$${}_n\mathrm{C}_r=\frac{{}_n\mathrm{P}_r}{{}_r\mathrm{P}_r}=\frac{{}_n\mathrm{P}_r}{r!}$$

$$=\frac{n\times(n-1)\times(n-2)\times\cdots\times(n-r+1)}{r\times(r-1)\times(r-2)\times\cdots\times2\times1}$$

これを使うと、次の「二項分布」の説明が簡略化できるのです。

6.2 二項分布とは?

硬貨を5回投げたとき、表の出る回数は、0回、1回、2回、3回、4回、5回の6通りがありうるでしょう。
「硬貨を5回投げたとき、表が3回出る確率」を考えてみましょう。

表、表、表、裏、裏

となる確率は、1回で表が出る確率が $\frac{1}{2}$ なので、次のようになります。

$$\left(\frac{1}{2}\times\frac{1}{2}\times\frac{1}{2}\right)\times\left(\frac{1}{2}\times\frac{1}{2}\right)=\left(\frac{1}{2}\right)^5$$

ところが、

裏、表、表、表、裏

となる確率も次のようになり、同じ値となります。

$$\frac{1}{2}\times\left(\frac{1}{2}\times\frac{1}{2}\times\frac{1}{2}\right)\times\frac{1}{2}=\left(\frac{1}{2}\right)^5$$

「5回投げて表が3回」となるのは、次のように、10通りもあるのです。

(表、表、表、裏、裏)、(表、表、裏、表、裏)、(表、表、裏、裏、表)、(表、裏、表、表、裏)、(表、裏、表、裏、表)、(表、裏、裏、表、表)、(裏、表、表、表、裏)、(裏、表、表、裏、表)、(裏、表、裏、表、表)、(裏、裏、表、表、表)

このような10通りを計算で求めるには、「5回の中で、表が出る3つの回数を選ぶ方法の数」であることになります。これは、順列と組合せで学んだ、「組合せの公式」の計算で、次のように計算できます。

$${}_5C_3=\frac{5\cdot4\cdot3}{3\cdot2\cdot1}=10$$

5回投げたとき、表の出る回数をS_5で表し、$S_5=3$となる確率を、$P(S_5=3)$で表すと、次のようになることがわかりました。

$$P(S_5=3)={}_5C_3\left(\frac{1}{2}\right)^3\left(\frac{1}{2}\right)^2=\frac{10}{2^5}$$

5回投げて、何回表が出るか、それぞれの確率も同様にして次のようになります。

$$P(S_5=0)={}_5C_0\left(\frac{1}{2}\right)^0\left(\frac{1}{2}\right)^5=\frac{1}{2^5}$$

$$P(S_5=1)={}_5C_1\left(\frac{1}{2}\right)^1\left(\frac{1}{2}\right)^4=\frac{5}{2^5}$$

$$P(S_5=2)={}_5C_2\left(\frac{1}{2}\right)^2\left(\frac{1}{2}\right)^3=\frac{10}{2^5}$$

$$P(S_5=3)={}_5C_3\left(\frac{1}{2}\right)^3\left(\frac{1}{2}\right)^2=\frac{10}{2^5}$$

$$P(S_5=4)={}_5C_4\left(\frac{1}{2}\right)^4\left(\frac{1}{2}\right)^1=\frac{5}{2^5}$$

$$P(S_5=5)={}_5C_5\left(\frac{1}{2}\right)^5\left(\frac{1}{2}\right)^0=\frac{1}{2^5}$$

この結果をまとめると、表6.1のようになります。グラフに表すと図6.1のようになります。

表6.1:5回硬貨を投げて表の出た回数と確率

S_kの値	0	1	2	3	4	5
確率	$\frac{1}{2^5}$	$\frac{5}{2^5}$	$\frac{10}{2^5}$	$\frac{10}{2^5}$	$\frac{5}{2^5}$	$\frac{1}{2^5}$

このような確率分布を、$p=\frac{1}{2}$、$n=5$の場合の、「二項分布」といいます。

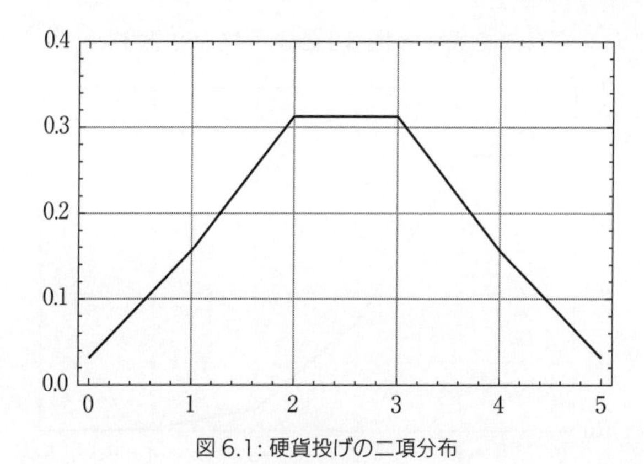

図 6.1: 硬貨投げの二項分布

サイコロを 5 回投げて、⚀が出た回数とその確率は次のようになります。

S_5 は、⚀が出た回数を表します。

$$P(S_5=0)={}_5\mathrm{C}_0\left(\frac{1}{6}\right)^0\left(\frac{5}{6}\right)^5=\frac{1\times5^5}{6^5}$$

$$P(S_5=1)={}_5\mathrm{C}_1\left(\frac{1}{6}\right)^1\left(\frac{5}{6}\right)^4=\frac{5\times5^4}{6^5}$$

$$P(S_5=2)={}_5\mathrm{C}_2\left(\frac{1}{6}\right)^2\left(\frac{5}{6}\right)^3=\frac{10\times5^3}{6^5}$$

$$P(S_5=3)={}_5\mathrm{C}_3\left(\frac{1}{6}\right)^3\left(\frac{5}{6}\right)^2=\frac{10\times5^2}{6^5}$$

$$P(S_5=4)={}_5\mathrm{C}_4\left(\frac{1}{6}\right)^4\left(\frac{5}{6}\right)^1=\frac{5\times5^1}{6^5}$$

$$P(S_5=5)={}_5\mathrm{C}_5\left(\frac{1}{6}\right)^5\left(\frac{5}{6}\right)^0=\frac{1\times5^0}{6^5}$$

これをグラフで表すと図6.2のようになります。

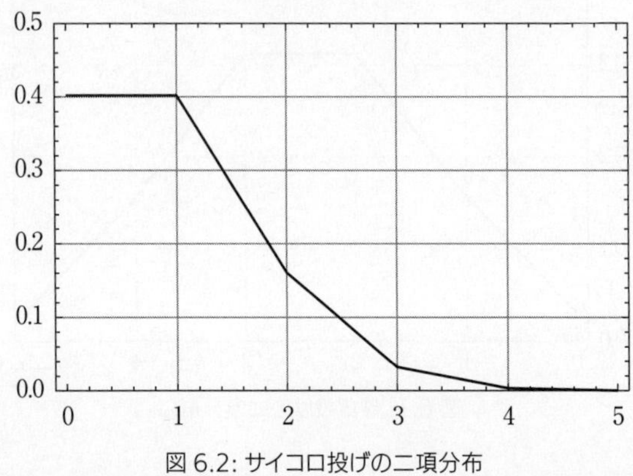

図6.2: サイコロ投げの二項分布

硬貨を20回投げて、表が出た回数とその確率は図6.3のようになります。

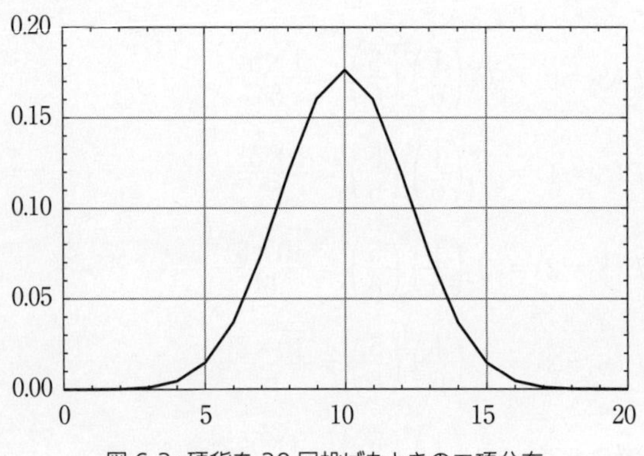

図6.3: 硬貨を20回投げたときの二項分布

一般に、1回の試行で、事象 A が起きる確率を、$p=P(A)$ と置き、さらに、$q=1-p$ と置きます。

この試行を n 回おこない、事象 A が起きた回数を表す変数を X とします。$X=r$ となる確率は次のようになります。

$$P(X=r) = {}_n\mathrm{C}_r p^r q^{n-r}$$

このような分布を、「二項分布」といいます。X の平均値は $E(X)=np$、分散は $V(X)=npq$、標準偏差は $\sigma=\sqrt{npq}$ となることが簡単な計算で確かめられます（ここでは省略しますが、興味のある方はこの章のコラム(1)を見てください）。

さらに投げる回数を増やしてみましょう。

硬貨を 100 回投げて、表が出た回数とその確率は図 6.4 のようになります。

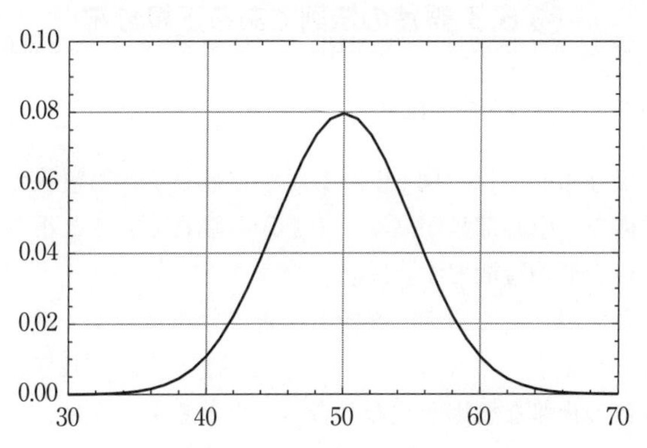

図 6.4: 硬貨を 100 回投げたときの二項分布

サイコロを 100 回投げて、⚀が出た回数とその確率は図 6.5 のようになります。

硬貨の分布も、サイコロの分布も、位置は異なりますが、形は同じ分布になりつつあることがわかるでしょう。

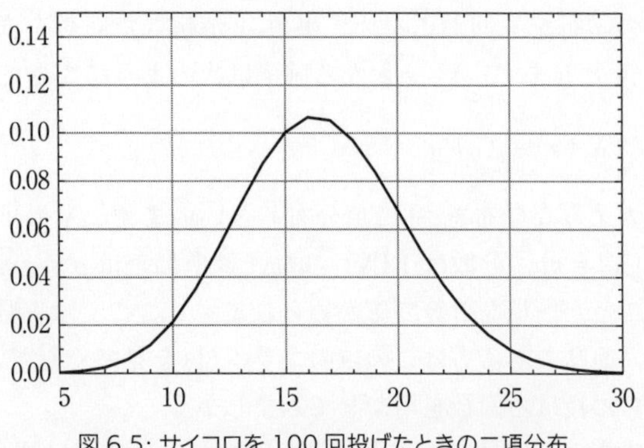

図 6.5: サイコロを 100 回投げたときの二項分布

6.3 誤差の法則である正規分布

6.3.1 正規分布とは？

「正規分布」とは、図 6.6 のような分布です。釣鐘状で、左右対称で、中心部分が高く、中心から離れていくと小さくなっていく形が特徴です。

社会で現れてくるデータでも、正規分布に従う変量はたくさんあります。

多数の複雑な要因が重なり合ってできるデータは、正規分布するのが普通です。例えば、大学入試と関係したセンター入試の英語の得点分布は、ほぼ正規分布します。

また、あるリンゴを栽培している果樹園で収穫されるリンゴの重さの分布なども、ほぼ正規分布します。

正規分布は英語では Normal Distribution といい、「正常な、普通の分布」という意味合いです。正規分布の式を初めて定式化した数学者カール・フリードリヒ・ガウス（1777

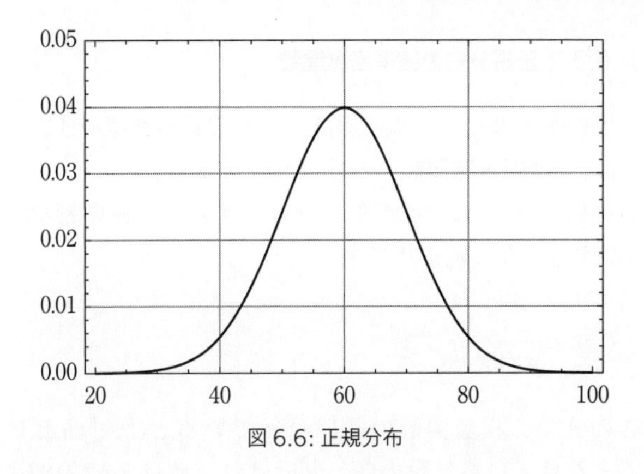

図 6.6: 正規分布

年〜1855 年）にちなんで、「ガウス分布」とも言います。

何が正常かというと、普通の誤差はこの分布に従うのが正常であるという意味です。

例えば、10.36 メートルの棒の長さを、小学生が巻尺で測るとしましょう。実にさまざまな測定結果が得られます。誰もが、「正確に測ろう」としているのですが、どうしても誤差が生じてしまいます。このような「誤差の分布」が正規分布をするというのです。

正規分布には 2 つのパラメータがあり、平均値と、分散または標準偏差です。この 2 つのパラメータを定めると、グラフが定まり、確率が確定してくるのです。

正規分布の平均値が大きくなるとグラフは右に移動し、平均値が小さくなるとグラフは左に移動していきます。標準偏差の値が大きくなると、グラフは次第になだらかになっていき、左右へ広がっていきます。標準偏差の値が小さくなると、グラフは真ん中が一層鋭くとんがっていくのです。

＞6.3.2 正規分布の確率密度関数

正規分布を表している曲線は、ある関数の曲線です。この曲線は、「確率密度関数」と呼ばれています。

平均値をmとし、標準偏差をσとすると、確率密度関数$f(x)$が次のように定まります。

$$f(x)=\frac{1}{\sigma\sqrt{2\pi}}e^{-\frac{(x-m)^2}{2\sigma^2}}$$

この式で、指数関数の基になっているeは、「ネピアの数」または「自然対数の底」と呼ばれ、値は$e=2.7182\cdots$です。経済学や金融数学では、「連続複利」の計算で現れてきます。eは次の式で定義されます。

$$e=\lim_{n\to\infty}\left(1+\frac{1}{n}\right)^n$$

確率変数Xが正規分布するとき、確率$P(a<X<b)$は、この関数のグラフとx軸との間の面積で表されるのです。面積は、積分で表せるので、次のようになります。

$$P(a<X<b)=\int_a^b f(x)\,dx=\int_a^b \frac{1}{\sigma\sqrt{2\pi}}e^{-\frac{(x-m)^2}{2\sigma^2}}dx$$

$m=60$、$\sigma=10$、$a=55$、$b=70$とした場合のグラフは、図6.7のようになります。

正規分布のうちで、平均値が$m=0$、標準偏差が$\sigma=1$の場合が基本になるので、「標準正規分布」といいます。区間から確率を求める正規分布表も、標準正規分布のみが使われています。Xが、平均値m、標準偏差σの正規分布をして

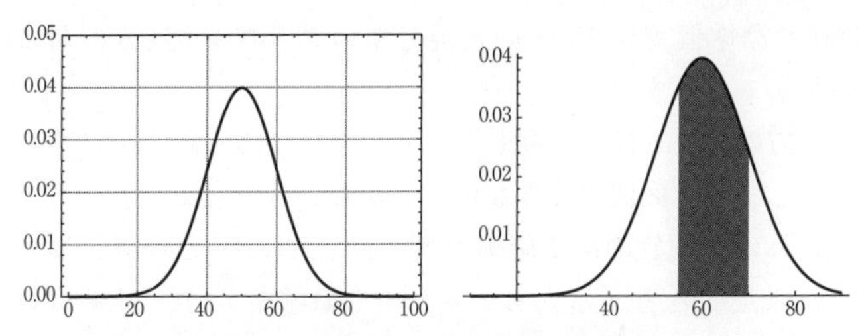

図 6.7: 正規分布のグラフの面積が確率

いるとき、$Y=\dfrac{X-m}{\sigma}$ が、標準正規分布するからです。

多数の自然現象や社会現象は、それぞれの結果が出現する過程で、多種多様な要因が重なり合っています。そうして生じるさまざまな変量、偶然的な量は、正規分布するのです。

6.4 二項分布から正規分布へ

硬貨を1000回投げたときの表の出る回数とその確率をグラフで表すと、図6.8の左のグラフのようになります。この二項分布の平均値は $pn=0.5\times1000=500$ であり、標準偏差は $\sqrt{npq=1000\times0.5\times0.5}\fallingdotseq15.81$ です。続いて、平均値が

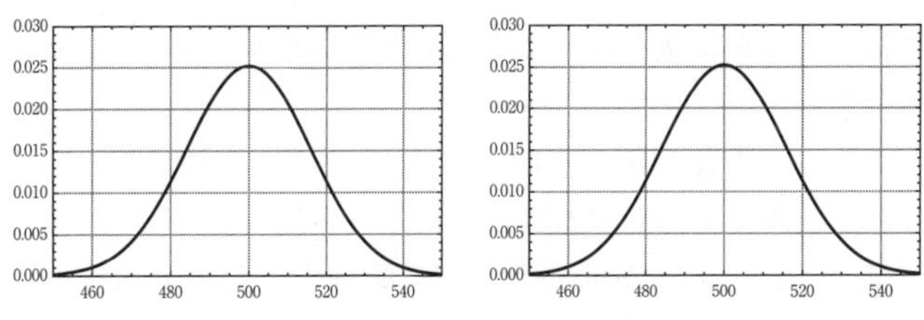

図 6.8: 硬貨投げの二項分布と正規分布

500で標準偏差が15.81の正規分布のグラフを図6.8の右に図示しておきます。

両方のグラフは全く同じで、同じ平面に描くと完全に重なってしまい、区別ができないことがわかるでしょう。

これは「硬貨の出る確率が表と裏で共に$\frac{1}{2}$となり、等しいからだ」と考える人もいるかもしれませんが、サイコロで、⚀の目が出る確率でも同じなのです。

図6.9の左のグラフは、サイコロを1000回投げて、⚀が出る回数とその確率である二項分布のグラフです。この二項分布の平均値は$np=\frac{1}{6}\times 1000 \fallingdotseq 166.7$であり、標準偏差は$\sqrt{1000\times\frac{1}{6}\times\frac{5}{6}} \fallingdotseq 11.785$です。平均値が166.7で、標準偏差が11.785の正規分布のグラフが右のグラフです。

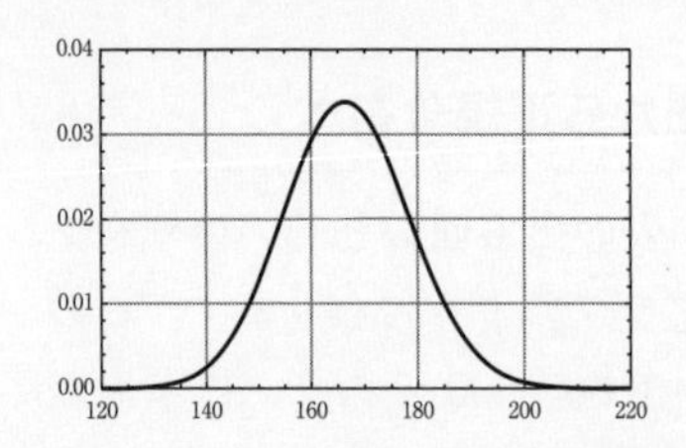

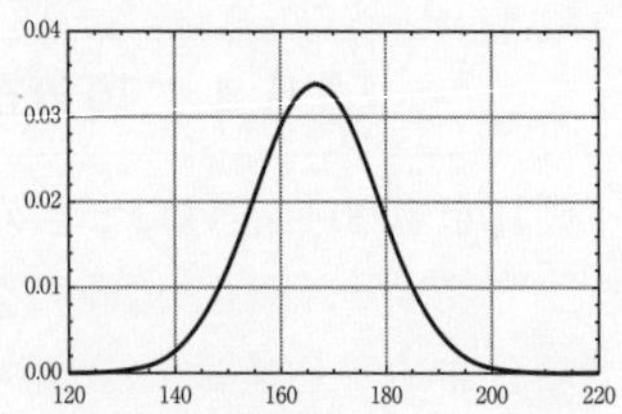

図6.9: サイコロ投げの二項分布と正規分布

サイコロ投げでも、両方のグラフは全く同じで、同じ平面に描くと完全に重なってしまい、区別ができないことがわかるでしょう。

このことを論理的に説明するのが、「中心極限定理」と呼ばれる定理です。簡単な場合を紹介しておきましょう。

X_1、X_2、…、X_nが独立な確率変数列で、その分布が同じであるとします。共通の平均値をm、分散をvとします。

これらの確率変数の和を、S_n と置きます。

$$S_n = X_1 + X_2 + \cdots + X_n$$

S_n の平均値は nm、標準偏差は $\sqrt{nv}$ となります。この S_n を変換すると、$n \to \infty$ のとき、正規分布が得られます。

6.5 中心極限定理

このように、平均値 np、標準偏差 $\sqrt{npq}$ の二項分布は、試行の回数が増えていくと、その分布の形が平均値 np、標準偏差 $\sqrt{npq}$ の正規分布に近くなっていくことがわかるでしょう。

この定理を、平均値が 0 で、標準偏差が 1 の標準正規分布に置き換えて表すと、次の式が成り立つことになります。

$$\lim_{n \to \infty} P\left(a < \frac{S_n - np}{\sqrt{npq}} < b\right) = \int_a^b \frac{1}{\sqrt{2\pi}} e^{-\frac{x^2}{2}} dx$$

このような定理を、「中心極限定理」といいます。

特に、二項分布が正規分布に近づいていくという場合を、「ドモアブル・ラプラスの定理」という場合もあります。

中心極限定理は二項分布だけでなく、一般に次のような場合に成り立ちます。

$X_1, X_2, \cdots, X_n$ が独立な確率変数列で、その分布が同じであるとします。共通の平均を m とし、共通の分散を $v < \infty$ とします。$S_n = X_1 + X_2 + \cdots + X_n$ の平均は、nm となり、分散は nv となります。このとき、次の式が成り立つのです。

$$\lim_{n\to\infty} P\left(a<\frac{S_n-nm}{\sqrt{nv}}<b\right)=\int_a^b \frac{1}{\sqrt{2\pi}}e^{-\frac{x^2}{2}}dx$$

証明にはいろいろ準備が必要なので、ここでは省略しておきます。中心極限定理が成り立つような確率変数列の条件については、たくさんの研究があります（興味のある方はコラム(2)を参照してください）。

第６章コラム　(1)二項分布の期待値・分散

1回の試行で、事象 A が起きる確率を p とし、起きない確率を $q=1-p$ とします。

k 回目の試行で、事象 A が起きたら1を、起きなかったら0を対応させる確率変数を X_k とします。すると、次の確率変数 X は、n 回の試行で事象 A が起きた回数を示します。

$$X=X_1+X_2+\cdots+X_n$$

X_k の期待値は次のようになります。

$$E(X_k)=1\times p+0\times q=p$$

X の期待値は、期待値の線形性を使って、次のようになります。

$$E(X)=E(X_1)+E(X_2)+\cdots+E(X_n)=p+p+\cdots+p=np$$

X_k の分散は次のようになります。

$$\begin{aligned}V(X_k)&=E((X_k-p)^2)\\&=(1-p)^2\times p+(0-p)^2\times(1-p)\\&=p-2p^2+p^3+p^2-p^3=p-p^2\\&=p(1-p)=pq\end{aligned}$$

X の分散は、独立な確率変数の分散の加法性から、次のように求められます。

$$V(X)=\sum_{k=1}^{n}V(X_k)=pq+pq+\cdots+pq=npq$$

X の標準偏差は、$\sigma(X)=\sqrt{V(X)}=\sqrt{npq}$ となります。

第6章コラム (2)中心極限定理の一般形

ここでは、「リアプノフの中心極限定理」だけを紹介しておきます。

互いに独立な確率変数列、$X_1, X_2, \cdots, X_n$があるとします。

$$S_n = X_1 + X_2 + \cdots + X_n$$

と置きます。

$$E(X_k) = m_k < \infty, \quad V(X_k) = b_k < \infty, \quad m = \sum_{k=1}^{m} m_k$$
$$E(|X_k - m_k|^{2+\delta}) = c_k^{\ 2+\delta} < \infty$$

とします。

また、$B_k^{\ 2} = \sum_{j=1}^{k} b_j$と置き、$C_k = \sum_{j=1}^{k} c_j^{\ 2+\delta}$と置きます。

ある$\delta > 0$があって、次の条件が満たされるとします。

$$\lim_{n \to \infty} \frac{C_n}{B_n^{\ 2+\delta}} = 0$$

このとき、次の極限定理が成り立ちます。

$$\lim_{n \to \infty} P\left(a < \frac{S_n - m}{B_n} < b\right) = \frac{1}{\sqrt{2\pi}} \int_a^b e^{-\frac{x^2}{2}} dx$$

第7章

経済活動での「確率」

7.1 株価の変動は「ブラウン運動」で表せる?

株価の変動は、個別の銘柄の動きにしても、日経平均株価にしても、これから1ヵ月後の予測をすることは、専門家でもほとんど不可能と言ってよいでしょう。

予測が確実にできる人がいれば、大儲けするわけですが、なかなかそうはいかないのが事実です。株価は、上がったり下がったり、不規則に変化するからです。

7.1.1　株価の動き

表7.1は、日経平均株価の推移を表しています。

これをグラフで表すと、図7.1のようになります。

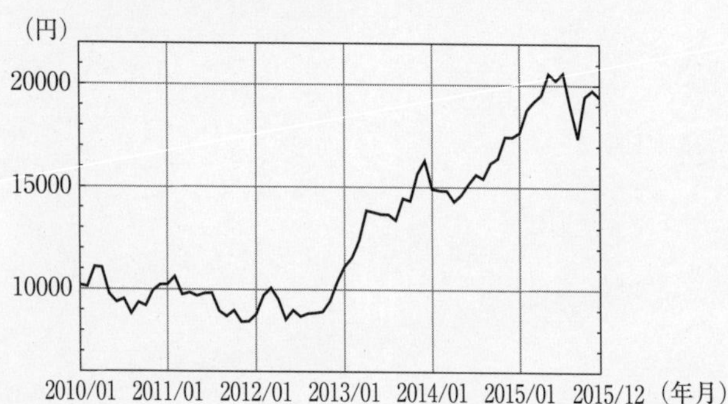

図7.1: 日経平均株価の推移

日経平均株価は、上がったり下がったりしています。全く偶然に変化しているようにも見えます。上がったときにはそれなりの理由があったのでしょう。政府が新政策を打ち出した、消費者物価指数が上がった、アメリカで株価が上がった、……とか、そのときどきにいろいろな要因があって上がったり下がったりしているのです。

表 7.1: 日経平均株価の推移

年月	日経平均株価	年月	日経平均株価
2010/01	10,198.04	2011/01	10,237.92
2010/02	10,126.03	2011/02	10,624.09
2010/03	11,089.94	2011/03	9,755.10
2010/04	11,057.40	2011/04	9,849.74
2010/05	9,768.70	2011/05	9,693.73
2010/06	9,382.64	2011/06	9,816.09
2010/07	9,537.30	2011/07	9,833.03
2010/08	8,824.06	2011/08	8,955.20
2010/09	9,369.35	2011/09	8,700.29
2010/10	9,202.45	2011/10	8,988.39
2010/11	9,937.04	2011/11	8,434.61
2010/12	10,228.92	2011/12	8,455.35

年月	日経平均株価	年月	日経平均株価
2012/01	8,802.51	2013/01	11,138.66
2012/02	9,723.24	2013/02	11,559.36
2012/03	10,083.56	2013/03	12,397.91
2012/04	9,520.89	2013/04	13,860.86
2012/05	8,542.73	2013/05	13,774.54
2012/06	9,006.78	2013/06	13,677.32
2012/07	8,695.06	2013/07	13,668.32
2012/08	8,839.91	2013/08	13,388.86
2012/09	8,870.16	2013/09	14,455.80
2012/10	8,928.29	2013/10	14,327.94
2012/11	9,446.01	2013/11	15,661.87
2012/12	10,395.18	2013/12	16,291.31

年月	日経平均株価	年月	日経平均株価
2014/01	14,914.53	2015/01	17,674.39
2014/02	14,841.07	2015/02	18,797.94
2014/03	14,827.83	2015/03	19,206.99
2014/04	14,304.11	2015/04	19,520.01
2014/05	14,632.38	2015/05	20,563.15
2014/06	15,162.10	2015/06	20,235.73
2014/07	15,620.77	2015/07	20,585.24
2014/08	15,424.59	2015/08	18,890.48
2014/09	16,173.52	2015/09	17,388.15
2014/10	16,413.76	2015/10	19,083.10
2014/11	17,459.85	2015/11	19,747.47
2014/12	17,450.77	2015/12	19,033.71

しかし、偶然的に変化すると考えた場合と、結果的にはほとんど区別ができないのです。

離散的な時刻に、プラスマイナス1で変化するモデルは、確率論で扱う、「ランダムウォーク」と呼ばれるものです。また、連続的な時刻で変化するモデルとしては、「ブラウン運動」があります。

株価の動きは、あとで比較しますが、まるでブラウン運動のようです。

ブラウン運動というのは、元々は、植物の花粉が割れたときに中から出てくる小さな粒子が、水の上を動き回る現象です。イギリスの植物学者のロバート・ブラウン（1773年～1858年）が、この一見奇妙な運動を1827年に見つけたことで知られています。

ブラウンは、何かの生命体が動かしていると考えましたが、後に、花粉から出た粒子に、周囲の水の分子が熱で振動してぶつかってくることで、ブラウン運動が引き起こされているのがわかってきました。

本物のブラウン運動は、インターネットで探せば、直接見ることもできます。

このようなブラウン運動が、金融における、株価の変動と関係があること、株価の変動がブラウン運動で表せることに気がついたのは、フランスの数学者であるルイ・バシュリエ（1870年～1946年）でした。彼は、1900年の博士論文でこのことを研究したのです。

現在、英語に翻訳されたバシュリエの論文を、*The Random Character of Stock Market Prices*（ed. Paul H. Cootner, MIT Press, 1964）という本で読むことができます。

相対性理論を作り出したあのアインシュタインも、ブラウン運動の研究をしていました。特殊相対性理論を発表したのと同じ年の1905年に、ブラウン運動の論文も発表しています。

＞7.1.2 ランダムウォークとブラウン運動

ブラウン運動は、ランダムウォークから説明するのがわかりやすいでしょう。

「ランダムウォーク」とは、離散的な各時刻nにおける値X_nが、次の時刻$n+1$においては、X_nにプラスマイナス1した値X_{n+1}になる、という過程です。変化が+1になるのは確率pで起こり、−1になるのは確率qで起こります。もちろん、$p+q=1$です。

ランダムウォークは、酔っぱらいが、右へ一歩、左へ一歩、千鳥足でよろめいているイメージで、「乱歩」とも呼ばれます。

$$P(X_{n+1}=X_n+1)=p$$
$$P(X_{n+1}=X_n-1)=q=1-p$$

$p=0.5$、$q=0.5$の場合の変化のグラフの一例を図7.2に紹介しておきましょう。また、0.5から少しずれるだけで、グラフは大きく変わってきます。一例として、$p=0.53$、$q=0.47$の場合の変化のグラフも図7.3に紹介しておきます。

ランダムウォークからブラウン運動への移行は、簡単に言えば、ランダムウォークの離散的な時間をどんどん短くしていき、連続的にすることです。ただ、ランダムウォークはプラスマイナス1の幅でしか変化しないので、これを次のように調節する必要があります。

時間$[0, 1]$の間を、幅dtの小さな区間に区切り、dtの整数

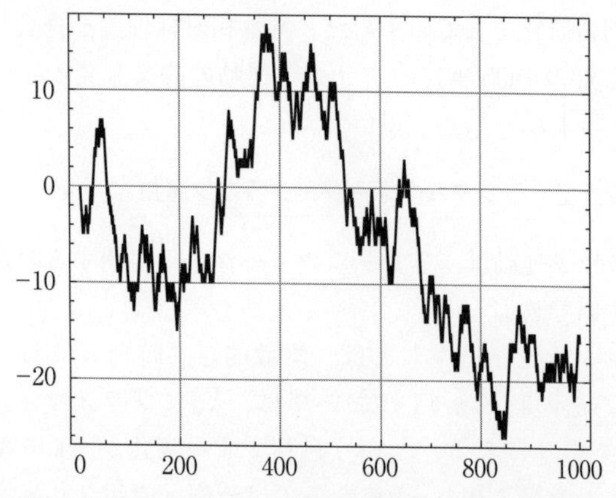

図 7.2:$p=0.5$, $q=0.5$ の場合のランダムウォークの一例

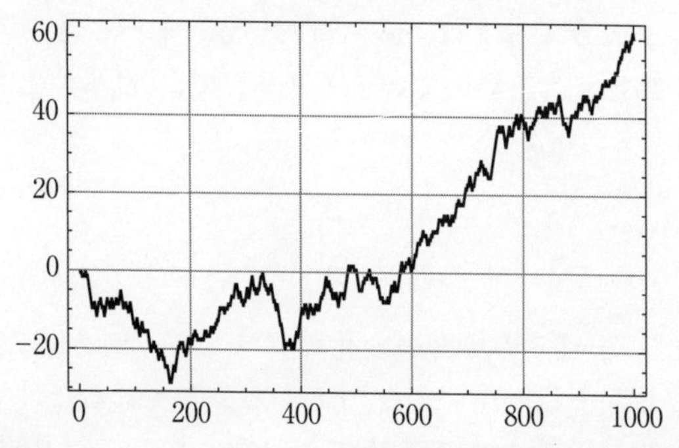

図 7.3:$p=0.53$, $q=0.47$ の場合のランダムウォークの一例

倍のところで、$\pm\sqrt{dt}$ のジャンプをするランダムウォークを考え、そこで、$dt \to 0$ とすれば、ブラウン運動になります。

こうして得られたブラウン運動は、図 7.4 のような動きをします。

ブラウン運動は小刻みに変化していて、いたるところで、連続ではありますが、微分ができません。その広がりは、正

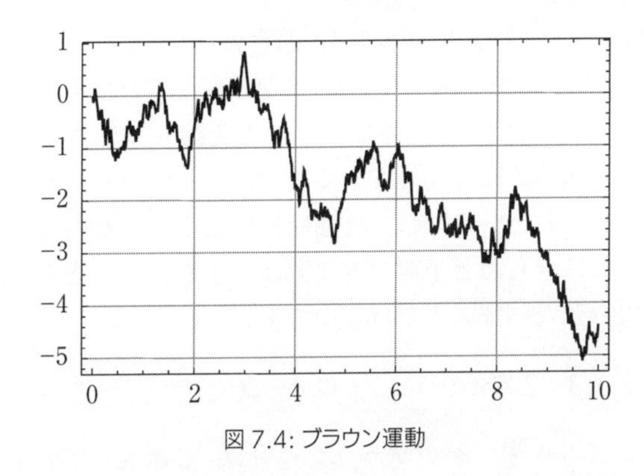

図 7.4: ブラウン運動

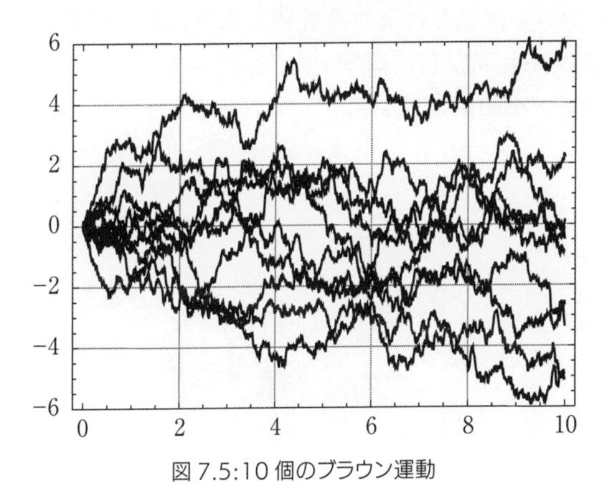

図 7.5:10 個のブラウン運動

規分布に従って拡大していきます。このことは、10 個のブラウン運動を図 7.5 のように同時に描いてみるとわかりやすいでしょう。

専門的になるので、ここでは、これ以上立ち入りません。興味がある方は、手掛かりとして、拙著『ブラック・ショールズと確率微分方程式――ファイナンシャル微分積分入門』

(ファイナンス数学基礎講座6、朝倉書店)、あるいは、拙著『ファイナンスと確率』(朝倉書店) を参照してみてください。

ここで言いたかったのは、「株価の変動もブラウン運動と同じで、偶然的に変動していくと考えるしかなく、株で大儲けしようなどというのは、普通は無理なこと」ということです。中にはきちんと予測できて大儲けする人はいますが、極めて限られた一部の人だけなのです。

＞7.1.3　2次元のランダムウォーク

ランダムウォークやブラウン運動は、2次元、3次元でも考えられ、1次元とは異なる性質もあり、面白いものです。ここでは、上下左右に確率 $\frac{1}{4}$ で移動していく、2次元ランダムウォークの図だけを紹介しておきましょう（図7.6)。

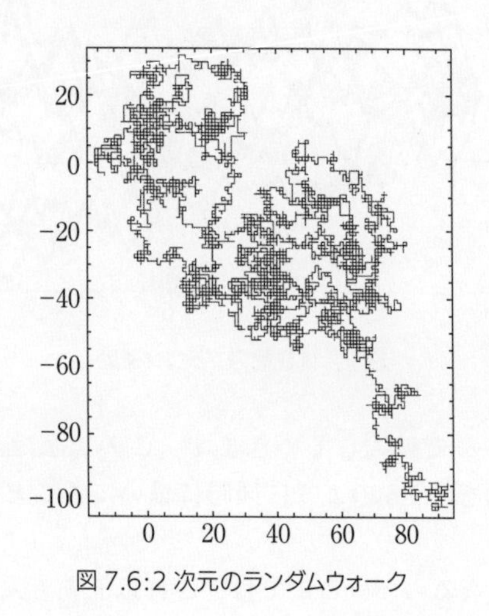

図7.6:2次元のランダムウォーク

7.2 次はどの車を買おうかな?

20年以上も同じ車に乗り続ける人は多くはありません。たいていの人は、一生の間に何回か車を買い換えます。自動車メーカーを変更する人もいるし、変更しない人もいるでしょう。

現在の車のメーカーから、新しい車のメーカーに乗り換えるとき、どのメーカーに移るかの確率が定まっているとしましょう。

計算を簡単にするために、自動車メーカーを、トヨタ、日産、ホンダ、スズキの4つだけに限定しておきます(取り上げなかったメーカーの関係者には申し訳ありませんが……)。

現在のメーカーから、次のメーカーへ移る確率が次のようになっていたとしましょう。これも架空の数値ですが。

現在のメーカー	次トヨタ	次日産	次ホンダ	次スズキ
トヨタ	0.4	0.3	0.2	0.1
日　産	0.3	0.5	0.1	0.1
ホンダ	0.5	0.3	0.1	0.1
スズキ	0.4	0.2	0.1	0.3

この推移確率がしばらくの間、不変であったとします。

では、「現在ホンダの人が、2回買い換えた後に、日産に変わっている確率」を求めてみましょう。1回目の買い換えで、可能性としては、トヨタ、日産、ホンダ、スズキの4つがあります。

ホンダ⇒トヨタ、トヨタ⇒日産の確率は、それぞれの確率の掛け算で得られます。

$0.5\times0.3=0.15$

同じようにして、次のように2回買い換えた後の確率が求められます。

現在	1回目の買い換え	2回目の買い換え	続いた確率
ホンダ	トヨタ(0.5)	日産(0.3)	$0.5\times0.3=0.15$
ホンダ	日　産(0.3)	日産(0.5)	$0.3\times0.5=0.15$
ホンダ	ホンダ(0.1)	日産(0.3)	$0.1\times0.3=0.03$
ホンダ	スズキ(0.1)	日産(0.2)	$0.1\times0.2=0.02$

現在ホンダの人が、2回買い換えた後に、日産に変わっている確率は、これら4つの確率を加えて、0.35となります。

この計算は、2つの行列の掛け算の計算と一致しています。

$$
\text{行列}A=\begin{array}{c}\\ \text{トヨタ}\\ \text{日　産}\\ \text{ホンダ}\\ \text{スズキ}\end{array}\begin{array}{c}\begin{array}{cccc}\text{トヨタ} & \text{日産} & \text{ホンダ} & \text{スズキ}\end{array}\\ \begin{pmatrix}0.4 & 0.3 & 0.2 & 0.1\\ 0.3 & 0.5 & 0.1 & 0.1\\ 0.5 & 0.3 & 0.1 & 0.1\\ 0.4 & 0.2 & 0.1 & 0.3\end{pmatrix}\end{array}
$$

$$
\text{行列}B=\begin{array}{c}\\ \text{トヨタ}\\ \text{日　産}\\ \text{ホンダ}\\ \text{スズキ}\end{array}\begin{array}{c}\begin{array}{cccc}\text{トヨタ} & \text{日産} & \text{ホンダ} & \text{スズキ}\end{array}\\ \begin{pmatrix}0.4 & 0.3 & 0.2 & 0.1\\ 0.3 & 0.5 & 0.1 & 0.1\\ 0.5 & 0.3 & 0.1 & 0.1\\ 0.4 & 0.2 & 0.1 & 0.3\end{pmatrix}\end{array}
$$

$$
\text{行列}\,A\times B=\begin{array}{c}\\ \text{トヨタ}\\ \text{日　産}\\ \text{ホンダ}\\ \text{スズキ}\end{array}\begin{array}{c}\begin{array}{cccc}\text{トヨタ} & \text{日産} & \text{ホンダ} & \text{スズキ}\end{array}\\ \begin{pmatrix}0.39 & 0.35 & 0.14 & 0.12\\ 0.36 & 0.39 & 0.13 & 0.12\\ 0.38 & 0.35 & 0.15 & 0.12\\ 0.39 & 0.31 & 0.14 & 0.16\end{pmatrix}\end{array}
$$

行列では、数字の横の並びを「行」、縦の並びを「列」といいます。2回の買い換えで、ホンダから日産へ移動する確率は、行列Aの第3行（ホンダの行）と、行列Bの第2列（日産の列）の、1つ目と1つ目、2つ目と2つ目、3つ目と3つ目、4つ目と4つ目を、それぞれ掛けてから加えた数値0.35です。この計算は、行列の積の計算に他ならないのです。

行列$A\times B=A^2$は、2回目の買い換えで、トヨタからトヨタ、トヨタから日産、トヨタからホンダ、トヨタからスズキ、日産からトヨタ、日産から日産、日産からホンダ、日産からスズキ、ホンダからトヨタ、ホンダから日産、ホンダからホンダ、ホンダからスズキ、スズキからトヨタ、スズキから日産、スズキからホンダ、スズキからスズキへの、推移確率を表しています。

A^nは、n回目の買い換えで、はじめにトヨタ、日産、ホンダ、スズキを所有していた人が、どのメーカーの車に乗り換えているかの推移確率を表しています。

ところで、$n=5$とか、$n=10$とか、回数が多くなったときには、推移確率が次第に安定してきて、変化しなくなってくることがわかります。

$$A^5 = \begin{array}{c} \\ \text{トヨタ} \\ \text{日　産} \\ \text{ホンダ} \\ \text{スズキ} \end{array} \begin{array}{cccc} \text{トヨタ} & \text{日産} & \text{ホンダ} & \text{スズキ} \\ \end{array}$$

$$A^5 = \begin{matrix} & \text{トヨタ} & \text{日産} & \text{ホンダ} & \text{スズキ} \\ \text{トヨタ} & 0.37787 & 0.35936 & 0.13781 & 0.12496 \\ \text{日　産} & 0.37766 & 0.35968 & 0.13770 & 0.12496 \\ \text{ホンダ} & 0.37788 & 0.35936 & 0.13780 & 0.12496 \\ \text{スズキ} & 0.37823 & 0.35856 & 0.13793 & 0.12528 \end{matrix}$$

$$A^{10} = \begin{matrix} & \text{トヨタ} & \text{日産} & \text{ホンダ} & \text{スズキ} \\ \text{トヨタ} & 0.377841 & 0.359375 & 0.137784 & 0.125 \\ \text{日　産} & 0.377841 & 0.359375 & 0.137784 & 0.125 \\ \text{ホンダ} & 0.377841 & 0.359375 & 0.137784 & 0.125 \\ \text{スズキ} & 0.377841 & 0.359375 & 0.137784 & 0.125 \end{matrix}$$

これらを見ると、現在使っているメーカーに関係なく、買い換えが繰り返されると、どのメーカーの車に買い換えるかの確率が一定になっていきます。これが、各メーカーの「市場占有率（シェア）」に他ならないのです。

もし買い換えの推移確率が不変ならば、各メーカーのシェアは、推移確率の行列を多数回掛け算したときに安定する値として、あらかじめ運命づけられています。今の車を自社の車へ買い換えてもらう確率を増やすことが、シェアの拡大に不可欠です。このために、車販売の営業が頑張ったり、モデルチェンジしたり、全く新しい車を開発したり、各メーカーはしのぎを削っているのです。

第７章コラム　マルコフ過程とマルコフ連鎖

車の買い換えの例のように、次の状態へ移動するのに、現在の状態が前提で、どこへ移動するかが、確率的に定まっているのが、「マルコフ過程」と「マルコフ連鎖」です。

マルコフ過程とマルコフ連鎖の違いは、時間が、連続的か、離散的かの違いです。ここでは、マルコフ連鎖だけを扱います。

「次の状態の確率が、直前の状態だけによって確率的に定まっている」ということを、式で表せば次のようになります。

$$P(X_n=x_n|X_1=i_1,\cdots,X_{n-1}=i_{n-1})=P(X_n=x_n|X_{n-1}=i_{n-1})$$

ここで、$P(A|B)$は、事象Bが起きたという条件の下での、事象Aが起きる、「条件付き確率」を表しています。

マルコフ連鎖では、時刻nのときに、状態iから状態jへの推移確率が定まります。

$$p_{ij}(n)=P(X_{n+1}=j|X_n=i)$$

この推移確率が、nに依存しないで定まる場合は、「時間的に一様なマルコフ連鎖」といいます。

この場合、推移行列を行列で表して、推移確率行列といいます。マルコフ連鎖のとる状態も離散的だとして、1, 2, …とします。

$$P=\begin{pmatrix} p_{11} & p_{12} & \cdots \\ p_{21} & p_{22} & \cdots \\ \cdots & \cdots & \cdots \end{pmatrix}$$

推移確率については、次の式が成り立ちます。

$$p_{ij} \geq 0$$

$$\sum_{j=1}^{\infty} p_{ij} = 1$$

推移確率行列Pのn乗の要素、$p^n(i, j)$は、状態iから出発し、時刻nの時点で、状態jに移動している確率を表します。このとき、チャップマン・コルモゴロフの式と呼ばれる次の式が成り立ちます。

$$P^{n+m}(i, j) = \sum_{k=1}^{\infty} P^n(i, k) P^m(k, j)$$

この式は、推移確率行列の積$P^{n+m} = P^n P^m$を成分で表した式でもあります。

マルコフ連鎖には、吸収壁や反射壁がある場合とか、状態の分類等、面白い話題がたくさんありますが、本書ではここまでにしておきます。続きは、例えば、拙著『*Mathematica* 確率——基礎から確率微分方程式まで』(朝倉書店)等を参照してください。

第8章

面白い「統計」の問題

8.1 一部のデータを調べれば全体がわかる?!

8.1.1 母集団の分布

ある養鶏場で得られた、1000個の鶏卵の重さ（単位はグラム）のデータと思ってもよいものがあります。

実は、このデータは、平均値60、標準偏差5の正規分布から、ランダムに1000個を選び出したもので、もちろん数学ソフトを利用しています。

本書の後の計算やグラフを研究してみたい人のために、1000個のデータをそのまま紹介しておきましょう。

51.1, 70.3, 57.3, 69.5, 66.6, 64.4, 58.5, 54.7, 65.0, 53.6, 61.7, 48.3, 58.3, 58.2,
60.8, 57.2, 60.4, 51.0, 52.2, 64.7, 56.9, 57.5, 57.6, 60.9, 61.5, 60.3, 58.7, 61.4,
51.6, 56.2, 61.6, 57.3, 52.3, 65.4, 67.4, 54.2, 64.9, 64.0, 58.1, 56.8, 63.9, 64.4,
63.6, 57.1, 54.6, 54.0, 52.6, 65.7, 51.7, 64.1, 68.6, 59.2, 65.6, 60.1, 62.7, 60.7,
52.6, 61.3, 60.4, 57.8, 57.8, 58.2, 57.1, 74.5, 52.2, 65.2, 52.7, 62.5, 69.7, 66.1,
69.5, 56.5, 56.2, 60.8, 57.9, 63.3, 65.7, 51.2, 50.2, 55.2, 59.9, 48.6, 59.5, 67.0,
56.4, 57.0, 57.2, 49.4, 56.8, 70.5, 65.1, 60.3, 55.2, 59.4, 58.6, 56.5, 59.7, 55.0,
58.1, 65.6, 68.1, 70.0, 63.4, 58.1, 50.4, 65.6, 61.3, 54.6, 54.3, 62.8, 63.6, 62.7,
66.1, 61.9, 64.6, 52.6, 54.2, 56.6, 60.0, 62.4, 59.5, 61.3, 58.1, 69.7, 54.3, 63.3,
57.3, 53.7, 66.6, 65.1, 62.6, 59.7, 62.4, 57.6, 59.7, 56.1, 65.4, 56.2, 56.4, 59.7,
56.7, 55.4, 57.9, 58.7, 48.5, 61.0, 72.3, 52.5, 65.1, 70.6, 59.1, 49.8, 57.3, 62.5,
62.1, 55.3, 56.5, 56.4, 55.9, 62.6, 52.4, 65.8, 57.4, 57.0, 56.5, 61.7, 56.2, 54.2,
70.3, 60.6, 56.6, 51.5, 57.9, 56.1, 51.0, 63.0, 60.5, 65.7, 59.6, 53.0, 57.8, 61.8,
66.2, 60.6, 55.2, 59.6, 70.5, 65.5, 63.5, 61.9, 63.8, 57.0, 56.4, 58.9, 52.6, 57.4,
66.3, 55.8, 62.4, 56.0, 64.3, 58.8, 65.2, 56.8, 56.1, 61.9, 60.4, 51.1, 63.0, 64.4,
62.4, 60.6, 62.8, 49.6, 45.1, 63.5, 63.9, 58.7, 59.9, 62.3, 59.2, 69.9, 64.7, 58.2,
69.5, 62.5, 50.8, 71.4, 53.5, 56.7, 59.9, 63.4, 63.2, 65.7, 60.9, 60.0, 62.9, 67.9,
59.4, 69.5, 60.1, 58.7, 50.5, 53.1, 53.6, 58.2, 60.7, 55.5, 66.9, 60.0, 56.3, 61.1,
68.5, 61.1, 47.5, 57.6, 63.4, 59.7, 62.5, 54.5, 64.1, 63.0, 54.0, 64.5, 51.3, 62.3,
68.7, 63.7, 62.7, 63.9, 63.7, 55.7, 68.0, 56.2, 56.8, 49.0, 65.1, 54.3, 66.7, 49.3,

61.0, 53.3, 58.8, 63.7, 60.5, 57.5, 58.1, 61.6, 59.7, 49.3, 57.6, 60.7, 51.8, 56.7, 60.1, 53.3, 68.6, 60.2, 55.8, 55.4, 55.6, 65.0, 63.7, 61.2, 55.5, 67.2, 68.3, 58.2, 61.8, 63.5, 59.8, 53.6, 64.5, 55.4, 58.5, 58.2, 66.3, 57.1, 65.4, 61.6, 62.9, 64.3, 64.9, 52.6, 66.2, 62.4, 56.3, 57.9, 54.4, 70.8, 60.2, 59.7, 65.3, 55.0, 60.2, 67.7, 64.5, 61.2, 50.1, 59.3, 59.4, 61.5, 62.3, 66.3, 67.3, 58.2, 65.1, 58.1, 62.3, 64.5, 61.4, 50.9, 62.2, 56.8, 60.4, 52.8, 63.3, 65.7, 67.8, 60.1, 62.6, 53.0, 61.9, 60.3, 72.1, 55.3, 66.0, 71.8, 58.2, 64.7, 57.2, 61.1, 64.0, 58.6, 62.5, 58.4, 63.9, 58.9, 65.9, 56.1, 54.4, 58.4, 59.0, 57.3, 60.2, 60.9, 62.1, 59.8, 66.6, 59.2, 62.3, 61.4, 58.9, 48.8, 62.5, 67.9, 57.4, 60.3, 55.6, 62.0, 55.2, 61.9, 57.0, 61.1, 54.9, 57.8, 54.6, 55.6, 60.8, 61.6, 62.9, 58.0, 54.3, 59.5, 61.6, 48.4, 58.1, 67.9, 66.7, 54.4, 63.4, 62.6, 64.9, 61.6, 49.8, 52.8, 60.6, 68.1, 58.4, 65.9, 54.9, 59.3, 59.9, 54.5, 60.9, 59.3, 57.2, 54.3, 62.2, 59.3, 57.8, 63.3, 66.7, 58.0, 63.7, 65.6, 53.8, 66.3, 63.6, 66.6, 62.0, 52.9, 45.7, 56.2, 55.3, 63.2, 59.0, 64.5, 65.7, 66.8, 61.8, 65.4, 63.3, 46.5, 55.3, 65.3, 61.6, 64.5, 56.7, 72.4, 63.7, 64.5, 64.9, 65.9, 67.8, 55.9, 58.6, 63.4, 60.4, 64.7, 68.3, 64.7, 57.5, 62.8, 59.2, 62.3, 65.1, 65.7, 58.3, 53.2, 55.9, 55.1, 52.3, 51.2, 58.6, 56.3, 62.9, 61.6, 64.6, 58.9, 54.6, 57.4, 65.1, 60.4, 59.5, 59.2, 64.7, 56.0, 63.4, 60.6, 65.8, 61.8, 57.5, 59.1, 61.3, 64.7, 56.1, 54.3, 49.3, 61.5, 52.3, 64.0, 59.2, 65.7, 61.2, 52.1, 65.0, 56.1, 57.3, 67.6, 63.6, 67.5, 54.0, 67.8, 65.8, 60.0, 58.4, 56.2, 58.6, 62.0, 61.6, 64.7, 68.4, 67.2, 55.6, 67.6, 53.2, 57.6, 62.5, 74.2, 61.8, 68.6, 66.5, 63.3, 66.3, 61.4, 58.2, 66.5, 58.3, 62.5, 60.5, 64.2, 55.3, 62.6, 51.2, 58.0, 57.8, 53.7, 59.2, 57.6, 54.3, 56.7, 61.3, 53.9, 60.7, 60.3, 59.7, 65.8, 60.6, 58.8, 61.9, 55.7, 57.5, 63.3, 56.3, 57.9, 59.4, 53.7, 57.3, 53.8, 57.9, 57.4, 59.7, 59.1, 61.4, 52.1, 58.9, 63.3, 51.2, 53.2, 65.8, 62.6, 53.3, 55.6, 66.5, 60.5, 60.1, 62.1, 60.2, 59.8, 58.4, 62.8, 60.5, 64.4, 57.9, 58.6, 58.4, 64.5, 58.5, 56.3, 58.4, 55.8, 67.0, 57.2, 65.0, 52.0, 62.7, 64.5, 54.4, 69.4, 64.5, 57.0, 55.9, 69.2, 54.8, 52.7, 48.3, 70.6, 57.9, 61.5, 64.1, 62.8, 59.8, 60.3, 69.1, 60.8, 58.5, 57.6, 63.1, 58.4, 62.3, 64.5, 66.5, 62.4, 59.8, 60.7, 62.7, 52.8, 54.3, 63.0, 60.4, 62.0, 54.2, 59.4, 58.0, 59.2, 68.8, 50.4, 68.1, 61.1, 58.6, 68.8, 59.2, 59.5, 64.2, 56.5, 58.3, 62.3, 56.5, 59.1, 54.3, 63.6, 63.9, 65.8, 55.1, 60.5, 58.0, 63.7, 63.2, 55.6, 59.4, 62.5, 59.9, 68.6, 65.7, 63.6, 56.2, 61.2, 64.2, 62.8, 63.3, 54.7, 65.6, 54.9, 64.1, 53.3, 59.0, 56.6, 63.0, 56.2, 71.1, 57.6, 62.4, 65.5, 68.3, 57.6, 61.6, 64.2, 53.3, 59.9, 57.3, 62.8, 58.3, 58.3, 67.9, 57.5, 62.1, 62.2, 65.8, 65.5, 57.4, 62.4, 68.9, 65.3, 60.1, 60.5, 56.1, 56.1, 55.4, 56.2, 58.6, 55.0, 57.8, 55.5, 59.6, 49.5, 56.6, 59.4, 65.1, 55.2, 59.2, 65.0, 53.6, 49.6, 60.0, 66.3, 66.3, 52.7, 55.4, 60.9, 54.7, 54.2, 57.4, 49.9, 61.1, 61.1, 53.2, 65.4, 58.4, 51.2, 67.6, 60.7, 58.7, 55.5, 66.3, 59.7, 56.3, 55.9, 61.0, 56.4, 59.6, 66.2, 60.7, 58.5,

62.3, 64.5, 59.3, 59.9, 49.0, 55.4, 55.0, 69.3, 56.2, 61.7, 68.4, 59.2, 57.5, 52.4, 53.4, 59.9, 64.7, 55.8, 58.4, 60.3, 64.0, 68.7, 66.9, 51.6, 59.1, 62.3, 64.1, 56.6, 67.4, 69.2, 53.3, 62.1, 59.5, 59.3, 59.0, 61.2, 56.3, 61.1, 49.6, 61.4, 56.8, 61.6, 65.4, 67.6, 61.5, 59.1, 58.5, 65.6, 67.0, 65.9, 51.2, 62.3, 66.2, 54.5, 61.2, 58.6, 66.7, 64.4, 53.6, 69.3, 52.7, 64.1, 60.4, 61.1, 59.8, 56.4, 56.5, 60.9, 54.7, 66.1, 61.1, 67.8, 60.4, 65.8, 63.3, 62.0, 63.1, 57.8, 55.2, 56.6, 71.8, 56.1, 65.7, 60.0, 66.2, 60.0, 63.4, 65.3, 65.9, 59.2, 54.9, 64.9, 59.6, 54.9, 57.1, 62.7, 55.3, 69.2, 60.0, 64.5, 57.4, 60.4, 66.9, 64.3, 57.5, 48.9, 60.9, 59.5, 65.2, 60.0, 52.7, 64.2, 59.7, 54.1, 59.5, 56.2, 47.0, 64.6, 56.1, 58.6, 52.5, 59.3, 70.7, 59.8, 56.1, 63.6, 57.3, 57.1, 61.7, 50.9, 53.0, 58.0, 71.7, 59.4, 60.8, 65.9, 57.6, 67.6, 61.9, 61.2, 68.0, 53.9, 57.3, 58.8, 57.8, 55.3, 57.2, 49.5, 59.7, 59.8, 53.5, 55.9, 60.3, 64.8, 52.5, 55.4, 65.4, 71.5, 59.0, 50.4, 62.9, 50.3, 58.6, 66.0, 57.4, 60.8, 62.7, 54.5, 68.2, 55.3, 55.0, 57.5, 55.6, 54.4, 63.5, 56.9, 57.4, 59.4, 53.4, 59.0, 55.4, 65.0, 64.2, 59.9, 49.6, 66.3, 53.2, 54.5, 65.4, 62.0, 52.7, 56.7, 60.0, 51.8, 57.8, 58.8, 61.6, 54.9, 55.2, 62.1, 56.4, 65.6, 64.1, 55.4, 51.2, 67.4, 59.0, 59.6, 57.8, 54.2, 62.4, 52.5, 59.3, 59.2, 63.3, 58.2

このデータを、わかりやすいようにヒストグラム（柱状グラフ）で表すと、図8.1のようになります。

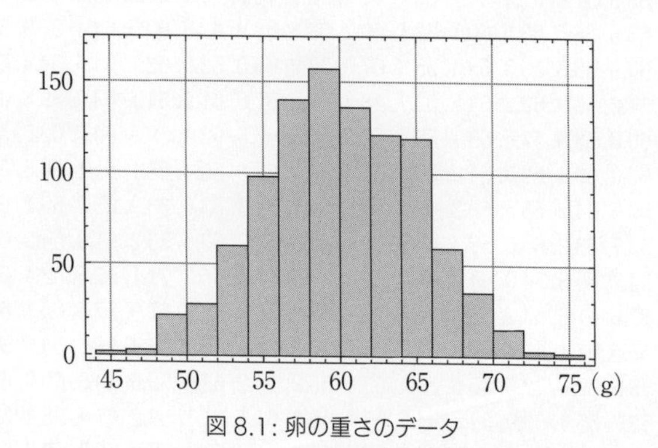

図 8.1: 卵の重さのデータ

＞8.1.2 標本平均の分布

この1000個の平均値は、59.959≒60ですが、このような1000個の平均値を調べるのに、毎日1000個全部の重さを調べるのは大変な作業になります。

そこで、1000個の中から、ランダムに100個を選んで、その平均値を調べることにしたのです。全体のデータを「母集団」といい、その一部を、「標本」、あるいは「サンプル」といいます。

ランダムにサンプル100個を選んで、その20組の平均値を示すと、表8.1のようになりました（ランダム100個を20組選んだのです）。

20組のうち、1000個の平均値とほとんど同じ場合が、13組もあります。全体の1000個の数（母集団）から、サンプルとして100個選ぶと、その平均値は母集団の平均値とほぼ等しくなることがわかるでしょう。

1000個のデータの平均値を知るのに、100個のサンプルを選んで平均値を出せば、十分であることを示しているのです。

このデータをヒストグラムで表すと、図8.2のようになります。

コンピュータの数学ソフトを用いてこの図を描くのは容易です（付録参照）。

＞8.1.3 標本平均の平均・分散・標準偏差

このようなことは、母集団の分布がどのような分布でも成り立つのです。一般的に表現すると次のようになります。

母集団の値を取る確率変数を、Xとします。母集団の平均

表 8.1: 卵の重さの平均値

組の番号	その組の平均値
1	60.2 ≒ 60
2	60.2 ≒ 60
3	59.4 ≒ 59
4	60.1 ≒ 60
5	60.1 ≒ 60
6	59.9 ≒ 60
7	59.2 ≒ 59
8	60.4 ≒ 60
9	60.1 ≒ 60
10	59.4 ≒ 59
11	60.1 ≒ 60
12	60.1 ≒ 60
13	59.2 ≒ 59
14	60.4 ≒ 60
15	60.6 ≒ 61
16	60.1 ≒ 60
17	59.6 ≒ 60
18	59.6 ≒ 60
19	59.2 ≒ 59
20	60.7 ≒ 61

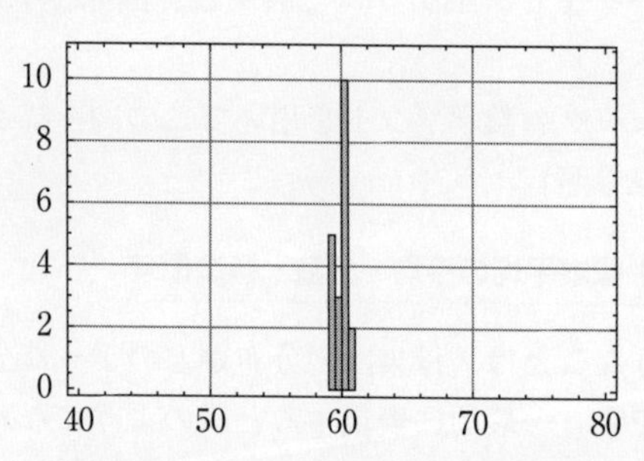

図 8.2: 卵の重さの分布を示すヒストグラム

値を$E(X)=m$とし、分散を$v=E((X-m)^2)$とし、標準偏差を$\sigma=\sqrt{v}=\sqrt{E(X-m)^2}$と置きます。$n$個のサンプルの平均値を次のように置きます。

$$\bar{X}=\frac{X_1+X_2+\cdots+X_n}{n}$$

$X_1, X_2, \cdots, X_n$は、それぞれの番号で選ばれる標本の値を表す独立な確率変数であり、それぞれは、母集団と同じ分布をすると考えるのです。

このような標本平均の平均値m_n、標本平均の分散v_n、標本平均の標準偏差σ_nは、次の式で与えられます。

$$m_n=E(\bar{X})=m$$

$$v_n=E((\bar{X}-m)^2)=\frac{v}{n}$$

$$\sigma_n=\sqrt{E((\bar{X}-m)^2)}=\frac{\sigma}{\sqrt{n}}$$

標本平均の標準偏差は、母集団の標準偏差σに対して、標本数nの平方根に反比例して小さくなっていくことがわかるでしょう。

上記の事実を、形式的な計算で示す（証明する）のは、難しくはありません。

$$m_n=E\left(\frac{X_1+X_2+\cdots+X_n}{n}\right)$$

$$=\frac{E(X_1)+E(X_2)+\cdots+E(X_n)}{n}$$

$$= \frac{mn}{n} = m$$

ここでは、期待値Eについての線形性を使っています。

$$v_n = E\left(\frac{X_1 + X_2 + \cdots + X_n}{n} - m\right)^2$$
$$= \frac{E((X_1 - m) + (X_2 - m) + \cdots + (X_n - m))^2}{n^2}$$
$$= \frac{E(X_1 - m)^2 + E(X_2 - m)^2 + \cdots + E(X_n - m)^2}{n^2}$$
$$= \frac{V(X_1) + V(X_2) + \cdots + V(X_n)}{n^2}$$
$$= \frac{vn}{n^2}$$
$$= \frac{v}{n}$$

ここでは、$i \neq j$のとき、X_i、X_jは独立で、

$$V(X_i + X_j) = V(X_i) + V(X_j)$$

であることを使っています。

また、「独立のとき、積の期待値は期待値の積になる」こと、

$$E((X_i - m)(X_j - m))$$
$$= E(X_i - m)E(X_j - m) = 0 \times 0 = 0$$

であることも使っています。

$i \neq j$のとき、$X_i - m$と、$X_j - m$は独立ですから、

$$\sigma_n = \sqrt{E((\bar{X}-m)^2)}$$
$$= \sqrt{\frac{v}{n}}$$
$$= \frac{\sqrt{v}}{\sqrt{n}} = \frac{\sigma}{\sqrt{n}}$$

数学的な証明は、わからなければ飛ばしても構いません。

8.2 内閣支持率の信頼性

新聞やテレビで、「内閣支持率」がニュースになります。この数字の本当の意味を知っておくことは大事なことです。情報に振り回されないためにも。

8.2.1 安倍内閣の支持率の推移

安倍晋三内閣の支持率を、NHK が調べた結果は表 8.2 のようになっていました。2015 年 1 月から 10 月まででです。

ここでは、これらの「内閣支持率」がどのくらい信頼でき

表 8.2: 安倍内閣の支持率の変化（単位は%）

月	支持率	不支持率
1	50	32
2	54	29
3	46	37
4	51	34
5	51	32
6	48	34
7	41	43
8	37	46
9	43	39
10	43	40

るかを検証していきましょう。

以上の結果は、NHKの「政治意識月例調査」によるのですが、NHKは次のように目的を説明しています。

NHKは、国民の政治意識を調べるため毎月電話による世論調査を実施しています。内閣支持や政党支持など、国民の政治意識を調べるとともに、社会的に関心の高い時事問題についての人びとの考えを毎月定期的に調査し、その結果をニュースでも放送しています。

（NHKのWebサイトより）

調査対象等は次のように公表されています。

調査概要
調査対象：全国の20歳以上の男女
調査方法：電話法（RDD追跡法）

月	調査時期	調査相手(人)	回答数(人)	回答率(%)
1	1月10日～12日	1,585	1,031	65.0
2	2月 6日～ 8日	1,496	978	65.4
3	3月 6日～ 8日	1,632	1,075	65.9
4	4月10日～12日	1,642	1,085	66.1
5	5月 8日～10日	1,594	1,062	66.6
6	6月 5日～ 7日	1,497	1,013	67.7
7	7月10日～12日	1,538	1,024	66.6
8	8月 7日～ 9日	1,633	1,057	64.7
9	9月11日～13日	1,640	1,088	66.3
10	10月10日～12日	1,628	1,067	65.5

（NHKのWebサイトより）

ここで登場しているRDD (Random Digit Dialing) とは、コンピュータの乱数により、固定電話番号を選び出して、電話をかけて質問に答えてもらう方法です。新聞各社も同様の方法によっています。

ここで問題となるのが、固定電話を登録している人がどのくらいいるかということです。若い学生などは、携帯電話は持っていても、専用の固定電話を持っている人は少ないでしょう。また、要介護高齢者等で、各種の施設に入所している人には固定電話などないのが普通です。

また、固定電話に応対する人は一般的な有権者の代表としてふさわしいのでしょうか？　いろいろな疑問が出されていますが、容易さだけを追求していて、改善される気配はありません。

また、「現在の内閣を支持するか否か」という質問の前に聞かれる質問の内容が、影響を与えないとは断言できません。

以上のようないろいろな問題点があるのですが、それはさておき、約1億人の有権者から抜き出した、たったの1600人のアンケート結果で、全有権者の考えが把握できるのでしょうか？　調べてみましょう。

＞8.2.2 世論調査の信頼性

有権者約1億人における、内閣支持率が、50％だとしましょう。この中からランダムに1600人を選び出したとして、この1600人における内閣支持率はどの程度になるでしょうか？

1600人における内閣支持率を、100組調べてみることを数学ソフトでシミュレーションしてみましょう。結果は、次のようになります。

0.51, 0.5, 0.48, 0.49, 0.49, 0.49, 0.51, 0.49, 0.51, 0.5, 0.49, 0.5, 0.49, 0.51, 0.48, 0.51, 0.48, 0.5, 0.5, 0.49, 0.48, 0.5, 0.5, 0.51, 0.51, 0.49, 0.49, 0.49, 0.48, 0.51, 0.5, 0.5, 0.51, 0.49, 0.5, 0.49, 0.52, 0.52, 0.47, 0.48, 0.51, 0.51, 0.5, 0.49, 0.51, 0.48, 0.48, 0.47, 0.48, 0.5, 0.52, 0.47, 0.51, 0.48, 0.5, 0.49, 0.52, 0.49, 0.51, 0.49, 0.47, 0.51, 0.49, 0.5, 0.5, 0.52, 0.49, 0.52, 0.49, 0.5, 0.5, 0.48, 0.51, 0.51, 0.51, 0.48, 0.51, 0.51, 0.52, 0.51, 0.5, 0.5, 0.51, 0.48, 0.51, 0.5, 0.5, 0.52, 0.5, 0.51, 0.49, 0.51, 0.49, 0.53, 0.5, 0.5, 0.51, 0.47, 0.5, 0.5

最小値は0.47であり、最大値は0.53です。つまり、1600人選んだ結果を100通り調べてみると、内閣支持率の最小値は47%であり、最大値は53%となるのです。

真の値である50%に対して、プラスマイナス3%の誤差があることを意味しています。

つまり、NHKが発表する1600人の内閣支持率が50%であるとき、本当の支持率は、47%から53%の間にあると考えるべきなのです。

この事実は、計算で導くこともできるのです。

少し一般的に、内閣支持率をpとしましょう。

内閣を支持していたら1を、支持していなかったら0を与える確率変数列を、$X_1, X_2, \cdots, X_n$とします。これらの和を、S_nと置きます。

$$S_n = X_1 + X_2 + \cdots + X_n$$

S_nの分布は「二項分布」になり、平均はnp、標準偏差は$\sqrt{np(1-p)}$となります。

$\frac{S_n}{n}$ は、サンプルでの内閣支持率を表します。$\frac{S_n}{n}$ の平均は p、標準偏差は $\sqrt{\frac{p(1-p)}{n}}$ となります。

中心極限定理により、

$$\frac{\frac{S_n}{n}-p}{\sqrt{\frac{p(1-p)}{n}}}$$

は、平均0、標準偏差1の標準正規分布で近似してよいのです。

標準正規分布の場合、平均値0を中心としてプラスマイナス2の範囲に、95%が入っているので、次の式が成り立ちます。

$$P\left(-2<\frac{\frac{S_n}{n}-p}{\sqrt{\frac{p(1-p)}{n}}}<2\right)=0.95$$

$$P\left(-2\sqrt{\frac{p(1-p)}{n}}<\frac{S_n}{n}-p<2\sqrt{\frac{p(1-p)}{n}}\right)=0.95$$

$$P\left(p-2\sqrt{\frac{p(1-p)}{n}}<\frac{S_n}{n}<p+2\sqrt{\frac{p(1-p)}{n}}\right)=0.95$$

$n=1600$、$p=0.5$ を代入すると、次のようになります。

$$P\left(0.475<\frac{S_n}{n}<0.525\right)=0.95$$

母集団（有権者全体）での比率（内閣支持率）が、50%のとき、1600人のサンプルでの比率（内閣支持率）は、0.475から0.525程度の範囲に収まること（95%の信頼度で成立すること）が、計算上でも確かめられたことになるのです。

NHKでも各新聞でも、内閣支持率等のアンケート調査の発表は、たいてい、プラスマイナス3%の範囲で考えるべきであることがわかったでしょう。

発表される内閣支持率が全有権者の数値ではないことに注意するべきなのです。

8.3 視聴率を鵜呑みにするな

「テレビの視聴率」って、何人の調査結果かご存知ですか？

かなり少ない人数なのに驚くでしょう。

実はなんと、数百人、というより、数百台のテレビの調査結果なのです。

内閣支持率のときの1600人でさえ、かなり少ない人数でした。それよりさらに少ないサンプル数なのです。こんな少ない調査で、発表される視聴率はどのくらいの信頼性があるのか、検証してみましょう。

例えば、表8.3は、2015年春（4月〜6月）のドラマ平均視聴率ランキングです。これについて考えてみます。

8.3.1 視聴率調査の仕組み

いったい、視聴率の調査はどのように行われているのか、簡単に紹介しておきましょう。

視聴率の調査をしているのは、現在では、NHKの放送文化研究所が行っている「全国個人視聴率調査」と、「ビデオリサーチ」という、民間の会社だけです。ビデオリサーチは、機器製造に関わる2社と民間放送局の合計20社が出資して設立した会社です。

表 8.3:2015 年春（4 月〜6 月）のドラマ平均視聴率ランキング

順位	視聴率	番組名
1 位	14.78%	天皇の料理番
2 位	14.65%	アイムホーム
3 位	12.71%	Dr. 倫太郎
4 位	12.50%	ようこそ、わが家へ
5 位	11.86%	警視庁捜査一課 9 係
6 位	9.30%	ドＳ刑事
7 位	8.79%	マザー・ゲーム
8 位	8.73%	ワイルド・ヒーローズ
9 位	8.64%	三匹のおっさん 2
10 位	8.53%	アルジャーノンに花束を
11 位	8.44%	医師たちの恋愛事情
12 位	6.75%	京都人情捜査ファイル
13 位	6.59%	心がポキッとね
14 位	6.39%	ヤメゴク
15 位	6.08%	天使と悪魔
16 位	4.69%	戦う！書店ガール

NHK の調査は、年に 2 回、アンケート用紙に記入する形式で行われるもので、速報性はありませんので、ここではこれ以上言及しません。

ビデオリサーチの調査は、モニターと呼ばれる世帯を地域ごとにランダムに選び出して、その世帯のテレビに接続された機械に電源が入って、どの番組が選ばれて視聴されたかを、固定電話回線などを通じて集計できるように設計されています。モニターに選ばれた世帯には、いくらかの報酬が支払われています。この段階で、既にいろいろな問題が指摘されているのです。

・　固定電話回線を持たない人が増えているが、その人たちは対象から外されている（ただし、インターネット回線や手書き調査票による方法もあります）
・　最も重要な、「地域ごとにランダムに選ぶ」と言っても、実際にどのように選択されているのか公表されておらず、検証のしようがない

等の問題があるのです。

ビデオリサーチ社は、全国を27の地域に分けて、その地域での視聴率を算出しています。

モニター数は、関東地区、関西地区、名古屋地区だけは600世帯ですが、他の24地区は200世帯に過ぎません。モニター数の合計は、600×3＋200×24＝6600世帯しかありません。

＞8.3.2 視聴率の信頼性

さて、本節の主な課題である、「視聴率がどの程度信頼できるか」を検証してみましょう。

■モニター数600の場合　全世帯（母集団）の視聴率は15％である、と仮定します。例えば、モニター数600の関東地区で、モニターの選び方によって視聴率はどの程度の差があるか、調べてみましょう。

600をランダムに選んで、そのサンプルでの視聴率を、20組求めると、例えば、表8.4のようになりました。

最小値は0.13であり、最大値は0.182≒0.18です。

つまり、母集団の視聴率が15％のとき、600人のモニターの選び方で、600人のサンプルの視聴率は、13％から18％ま

表 8.4: サンプル数 600 での視聴率

組の番号	サンプル(600)での視聴率
1	0.147
2	0.158
3	0.130
4	0.150
5	0.182
6	0.150
7	0.175
8	0.153
9	0.160
10	0.130
11	0.148
12	0.177
13	0.150
14	0.178
15	0.137
16	0.145
17	0.138
18	0.175
19	0.145
20	0.151

での差があるということがわかります。

600 人のモニターでは、本当の視聴率に対して、プラスマイナス約 3%の「誤差（サンプルによる差)」を見積もるべきであることを示しているのです。

■モニター数 200 の場合　モニター数が 200 の地域では、さらにこの「誤差（サンプルによる差)」が拡大していきます。

母集団の視聴率が 15%であるとき、モニター数 200 での

表8.5: サンプル数200での視聴率

組の番号	サンプル(200)での視聴率
1	0.205
2	0.140
3	0.150
4	0.150
5	0.150
6	0.135
7	0.140
8	0.130
9	0.130
10	0.175
11	0.130
12	0.140
13	0.125
14	0.175
15	0.130
16	0.150
17	0.135
18	0.115
19	0.110
20	0.180

視聴率は、例えば、表8.5のようになります。

最小値は0.11であり、最大値は0.205≒0.21です。

つまり、母集団の視聴率が15%のとき、200人のモニターの選び方で、200人のサンプルの視聴率は、11%から21%までの差があるということがわかります。

200人のモニターでは、本当の視聴率に対して、プラスマイナス約6%の「誤差（サンプルによる差）」を見積もるべきであることを示しているのです。

以上の計算は、実際にランダムにサンプルを選んだ結果ですが、内閣支持率のときと同様に、理論的計算で求めることもできます。

内閣支持率のときの式がそのまま使えます。

母集団での比率がpであるとき、サンプル数nでの比率$\frac{S_n}{n}$は、95%の信頼度で次のような区間に入るのでした。

$$P\left(-2<\frac{\frac{S_n}{n}-p}{\sqrt{\frac{p(1-p)}{n}}}<2\right)=0.95$$

$$P\left(-2\sqrt{\frac{p(1-p)}{n}}<\frac{S_n}{n}-p<2\sqrt{\frac{p(1-p)}{n}}\right)=0.95$$

$$P\left(p-2\sqrt{\frac{p(1-p)}{n}}<\frac{S_n}{n}<p+2\sqrt{\frac{p(1-p)}{n}}\right)=0.95$$

$n=600$、$p=0.15$を代入すると、次のようになります。

$$P\left(0.120845<\frac{S_n}{n}<0.179155\right)=0.95$$

つまり、600人でのサンプルの視聴率は、12%から18%の範囲にあることが95%の信頼度で言えます。真の視聴率15%のプラスマイナス3%の違いを考慮すべきであることを示しているのです。

$n=200$、$p=0.15$を代入すると、次のようになります。

$$P\left(0.0995025<\frac{S_n}{n}<0.200498\right)=0.95$$

つまり、200人でのサンプルの視聴率は、10%から20%の範囲にあることが95％の信頼度で言えるのです。真の視聴率15％のプラスマイナス5％の違いを考慮すべきであることを示しています。

これらの計算結果は、実験結果とよく一致していることがわかるでしょう。

一般に、確率や統計の学習では、このように、実験結果と理論的計算結果を対比すると理解が深まるのです。

理論的な学習だけでは、何を求めているのかさえわからなくなってしまうことが多いのです。たとえコンピュータを使った実験でも、実験してみることが大事なのです。

視聴率が高い番組が面白いとは限りません。「面白さ」は個人でずいぶん違いますから。でも、「大勢の人はどんな番組を見ているのか（順位はともかく、傾向を知る）」という情報は役に立つかもしれません。他の人との会話が弾む元ともなり得るからです。

本節では、テレビ番組の視聴率について1つの「数学的思考」を試みました。確率の考え方を少し加えながら、楽しくテレビを見てみることで、人生を充実させるヒントになれば幸いです。

付録

本書で扱った、数学ソフトを用いた部分について、筆者が常用している、*Mathematica* での入力（プログラム）を紹介しておきましょう。確率を学習するのに、数学ソフトは欠かせませんが、*Mathematica* の活用方法を知りたい方は、拙著『*Mathematica* 確率――基礎から確率微分方程式まで』（朝倉書店）を参照してください。

(1)　硬貨を600000回投げたときのグラフは次の入力で得られています。

```
data=Table[Sum[If[Random[Integer,{1,6}]==
1,0],
{600000}]/600000.,{20}];
ListPlot[data,PlotJoined->
True,GridLines->
Automatic,Frame->True,PlotRange->{0,0.4}]
```

(2)　方程式 $1-(1-p)^{360}=0.87$ の解を直接求めるには次のように入力します。

```
Reduce[1-(1-p)^(360)==0.87,p,Reals]
```

その結果、

```
p==0.00565125
```

が得られます。

(3)　正規分布からランダムに1000個のデータを取り出すには次のようにします。

```
data=N[Round[10 Table[Random[NormalDistri
bution[60,5]],{10000}]]/10]
```

(4)　データ（data）を入力したあとで、ヒストグラムを描くには次のように入力します。

```
a=Table[Mean[RandomChoice
[data,100],{20}];Histogram[a,PlotRange->
{{40,80},All}],GridLines->Automatic,
Frame->True]
```

さくいん

〈な行〉

〈は行〉

〈ま行〉

〈や行〉

〈ら行〉

N.D.C.417　234p　18cm

ブルーバックス　B-1967

世の中の真実がわかる「確率」入門
偶然を味方につける数学的思考力

2016年4月20日　第1刷発行

著者　小林道正
発行者　鈴木　哲
発行所　株式会社講談社
〒112-8001 東京都文京区音羽2-12-21
電話　出版　03-5395-3524
販売　03-5395-4415
業務　03-5395-3615
印刷所　（本文印刷）豊国印刷株式会社
（カバー表紙印刷）信毎書籍印刷株式会社
本文データ制作　美研プリンティング株式会社
製本所　株式会社国宝社

ISBN978-4-06-257967-4

発刊のことば

科学をあなたのポケットに

二十世紀最大の特色は、それが科学時代であるということです。科学は日に日に進歩を続け、止まるところを知りません。ひと昔前の夢物語もどんどん現実化しており、今やわれわれの生活のすべてが、科学によってゆり動かされているといっても過言ではないでしょう。

そのような背景を考えれば、学者や学生はもちろん、産業人も、セールスマンも、ジャーナリストも、家庭の主婦も、みんなが科学を知らなければ、時代の流れに逆らうことになるでしょう。

ブルーバックス発刊の意義と必然性はそこにあります。このシリーズは、読む人に科学的に物を考える習慣と、科学的に物を見る目を養っていただくことを最大の目標にしています。そのためには、単に原理や法則の解説に終始するのではなくて、政治や経済など、社会科学や人文科学にも関連させて、広い視野から問題を追究していきます。科学はむずかしいという先入観を改める表現と構成、それも類書にないブルーバックスの特色であると信じます。

一九六三年九月

野間省一

ブルーバックス　数学関係書（III）

番号	書名	著者
1893	逆問題の考え方	上村　豊
1897	算法勝負！「江戸の数学」に挑戦	山根誠司
1906	ロジックの世界	ダン・クライアン／シャロン・シュアティル ビル・メイブリン＝絵 田中一之＝訳
1907	素数が奏でる物語	西来路文朗／清水健一
1911	超越数とはなにか	西岡久美子
1913	やじうま入試数学	金　重明
1917	群論入門	芳沢光雄
1921	数学ロングトレイル「大学への数学」に挑戦	山下光雄
1927	確率を攻略する	小島寛之
1933	「P≠NP」問題	野﨑昭弘
1941	数学ロングトレイル「大学への数学」に挑戦　ベクトル編	山下光雄
1942	数学ロングトレイル「大学への数学」に挑戦　関数編	山下光雄
1946	数学ミステリー　X教授を殺したのはだれだ！	トドリス・アンドリオプロス＝原作 タナシス・グキオカス＝漫画 竹内　薫／竹内さなみ＝訳
1949	マンガ「代数学」超入門	ラリー・ゴニック 藪田真弓／藤原誉枝子＝訳 鍵本　聡＝監訳
1961	曲線の秘密	松下泰雄

ブルーバックス12cmCD-ROM付

番号	書名	著者
BC06	JMP活用　統計学とっておき勉強法	新村秀一

ブルーバックス　数学関係書（II）

番号	書名	著者
1619	離散数学「数え上げ理論」	野崎昭弘
1620	高校数学でわかるボルツマンの原理	竹内　淳
1625	やりなおし算数道場	歌丸優一 花摘香里＝漫画
1629	計算力を強くする　完全ドリル	鍵本　聡
1657	高校数学でわかるフーリエ変換	竹内　淳
1661	史上最強の実践数学公式123	佐藤恒雄
1677	新体系　高校数学の教科書（上）	芳沢光雄
1678	新体系　高校数学の教科書（下）	芳沢光雄
1681	マンガ　統計学入門	アイリーン・マグネロ＝文 ボリン・V・ルーン＝絵 神永正博＝監訳　井口耕二＝訳
1684	ガロアの群論	中村　亨
1694	傑作！　数学パズル50	小泓正直
1704	高校数学でわかる線形代数	竹内　淳
1711	なるほど高校数学　数列の物語	宇野勝博
1724	ウソを見破る統計学	神永正博
1738	物理数学の直観的方法（普及版）	長沼伸一郎
1740	マンガで読む　計算力を強くする	がそんみほ＝マンガ 銀杏社＝構成
1743	大学入試問題で語る数論の世界	清水健一
1757	高校数学でわかる統計学	竹内　淳
1764	新体系　中学数学の教科書（上）	芳沢光雄
1765	新体系　中学数学の教科書（下）	芳沢光雄
1770	連分数のふしぎ	木村俊一
1782	はじめてのゲーム理論	川越敏司
1784	確率・統計でわかる「金融リスク」のからくり	吉本佳生
1786	「超」入門　微分積分	神永正博
1788	複素数とはなにか	示野信一
1795	シャノンの情報理論入門	高岡詠子
1808	算数オリンピックに挑戦　'08～'12年度版	算数オリンピック委員会＝編
1810	不完全性定理とはなにか	竹内　薫
1818	オイラーの公式がわかる	原岡喜重
1819	世界は2乗でできている	小島寛之
1822	マンガ　線形代数入門	鍵本　聡＝原作 北垣絵美＝漫画
1823	三角形の七不思議	細矢治夫
1828	リーマン予想とはなにか	中村　亨
1833	超絶難問論理パズル	小野田博一
1838	読解力を強くする算数練習帳	佐藤恒雄
1841	難関入試　算数速攻術	中川　塁 松島りつこ＝画
1851	チューリングの計算理論入門	高岡詠子
1870	知性を鍛える　大学の教養数学	佐藤恒雄
1880	非ユークリッド幾何の世界　新装版	寺阪英孝
1888	直感を裏切る数学	神永正博
1890	ようこそ「多変量解析」クラブへ	小野田博一

ブルーバックス　数学関係書（I）

番号	書名	著者
116	推計学のすすめ	佐藤 信
120	統計でウソをつく法	ダレル・ハフ　高木秀玄＝訳
177	ゼロから無限へ	C・レイド　芹沢正三＝訳
217	ゲームの理論入門	モートン・D・デービス　桐谷 維／森 克美＝訳
325	現代数学小事典	寺阪英孝＝編
408	数学質問箱	矢野健太郎
722	解ければ天才！　算数100の難問・奇問	中村義作
797	円周率πの不思議	堀場芳数
833	虚数iの不思議	堀場芳数
862	対数eの不思議	堀場芳数
908	数学トリック＝だまされまいぞ！	仲田紀夫
926	原因をさぐる統計学	豊田秀樹／前田忠彦／柳井晴夫
1003	マンガ　微積分入門	岡部恒治　藤岡文世＝絵
1013	違いを見ぬく統計学	豊田秀樹
1037	道具としての微分方程式	斎藤恭一　吉田 剛＝絵
1074	フェルマーの大定理が解けた！	足立恒雄
1076	トポロジーの発想	川久保勝夫
1141	マンガ　幾何入門	岡部恒治　藤岡文世＝絵
1201	自然にひそむ数学	佐藤修一
1243	高校数学とっておき勉強法	鍵本 聡
1312	マンガ　おはなし数学史	仲田紀夫＝原作　佐々木ケン＝漫画
1332	集合とはなにか　新装版	竹内外史
1352	確率・統計であばくギャンブルのからくり	谷岡一郎
1353	算数パズル「出しっこ問題」傑作選	仲田紀夫
1366	数学版　これを英語で言えますか？	保江邦夫＝著　E・ネルソン＝監修
1383	高校数学でわかるマクスウェル方程式	竹内 淳
1386	素数入門	芹沢正三
1407	入試数学　伝説の良問100	安田 亨
1419	パズルでひらめく　補助線の幾何学	中村義作
1429	数学21世紀の7大難問	中村 亨
1430	Ｅｘｃｅｌで遊ぶ手作り数学シミュレーション	田沼晴彦
1433	大人のための算数練習帳	佐藤恒雄
1453	大人のための算数練習帳　図形問題編	佐藤恒雄
1479	なるほど高校数学　三角関数の物語	原岡喜重
1490	暗号の数理　改訂新版	一松 信
1493	計算力を強くする	鍵本 聡
1536	計算力を強くするｐａｒｔ２	鍵本 聡
1547	広中杯　ハイレベル中学数学に挑戦	算数オリンピック委員会＝監修　青木亮二＝解説
1557	やさしい統計入門	田栗正章／藤越康祝　柳井晴夫／C・R・ラオ
1595	数論入門	芹沢正三
1598	なるほど高校数学　ベクトルの物語	原岡喜重
1606	関数とはなんだろう	山根英司